JN091589

電子工作の
基本を楽しむ本

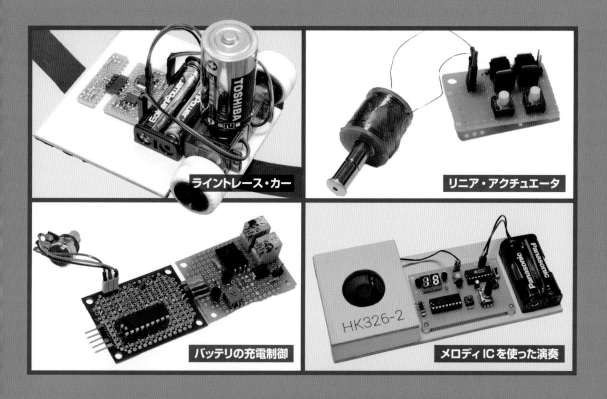

ライントレース・カー

リニア・アクチュエータ

バッテリの充電制御

HK326-2

メロディ IC を使った演奏

はじめに

　私の電子工作本は、これで6冊目になります。

　はじめて電子工作に挑戦する人にとっては、いきなりマイコンを使ってプログラミングをするのは敷居が高く、「これは無理だ」となりがちです。

　しかし、電子工作の中には、「モーターに電源をつないで回す」「LEDに抵抗を入れて電源につないで点灯させる」というような、誰にでもすぐにできるものもあります。
　そしてそれは、電子工作を始めた人が一度は通る道でもあるのです。

　今回の記事の中には、電子工作の基本でもある、各種電子部品の「直列つなぎ」や「並列つなぎ」の違いなども載せています。
　これは、電子工作をやってみようという人にはぜひ身に付けておいてほしい知識です。

　さらに、「ライントレースカー」や「リニアアクチュエータ」など電子回路だけを使った例も紹介し、マイコンを使った例では、「PIC」という安価で種類も豊富なパーツを使った、「クリスマスツリー用LEDテープ」や「ソーラー発電、充電制御」などを紹介しています。

*

　この電子工作本の特長は、いずれの例も「安く作れる」ということです。
　安く作れるということは「いろいろなものをたくさん作っても、そんなにお金はかからない」ということで、たくさん作って知識を蓄積することができます。

　電子工作の最初の一歩は、「簡単なものからはじめる」べきだと思います。

　簡単なものから始めて、徐々にレベルを上げていけば、いつかはきっと難しいプログラミングを使った電子工作にも挑戦していけると思いますので、あきらめずに挑戦してみてください。

*

　この本が皆さんの電子工作の一助になり、電子工作の世界を楽しんでもらえるきっかけにしていただければ幸いです。

神田　民太郎

電子工作の基本を楽しむ本

CONTENTS

第1章

「検知」する工作

この章では、「線」「磁力」など、何かを検知することで働く工作を紹介します。

1-1　黒い線をたどって走る「ライントレース・カー」

秋月電子で、「サーボ」に似た小型の「ギヤードモータ」を250円で販売しています。
これを使って、黒い線をたどる小型の「ライントレース・カー」を作ってみます。

　マイコンは使わず「電子回路」だけで動作して、990円で作れるコストパフォーマンスのよいものなので、各種工作イベントにもってこいです。

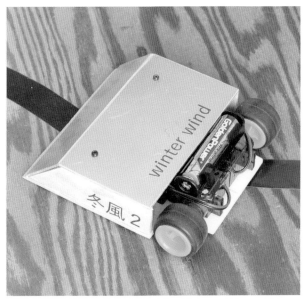

完成した「ライントレース・カー」

■サーボに似た「ギヤードモータ」

サーボに似た「ギヤードモータ」(秋月電子)

　写真にあるのが実際に売られている、どこから見ても「サーボモータ」にしか見えない「ギヤードモータ」です。

　サーボに使われている減速ギヤとモータ部分だけを使って作られていて、端子はモータに直結している2本の線だけです。
　おそらく、モータ自体もこのサイズのサーボに使われているものをそのまま使っていると思われます。

　実際のサーボでは、モータの回転は瞬間的で長時間回り続けることは想定していないので、連続してモータを回す場合は、比較的低めの電圧で使う方がよいと思います。

　今回は、電池3本で4.5V程度で使ってみたいと思います。
　赤黒の線は、「＋」「－」どちらでもよく、「正転」「逆転」になるだけです。

■ライントレース・カー

　「ライントレース・カー」は、特にマイコンなどは使わずに、電子回路だけで構成できます。

　シャーシの前方に付けた2つの赤外線センサで黒い線を検知して、線からはみださないように進んでいきます。

＊

　回路の仕組みは、反射型の赤外線センサで、黒以外の床を検知すると左右両方のタイヤを駆動し、黒い線を検知すると、どちらか一方のモータが停止します。

　そのとき、車はどちらか一方に方向を変えるので、結果的に線からはみ出さないような動きになります。

　以下に回路図を示します。

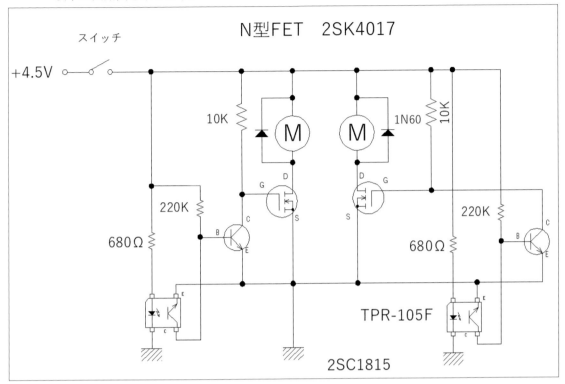

「ライントレース・カー」回路図

「ライントレース・カー」の主な部品表

部品名	型番	秋月通販コード	必要数	単価	金額	購入店
Nch　FET	2SK4017	I-07597	2	30	60	秋月電子
NPNトランジスタ	2SC1815	I-06475	2	5	10	〃
ダイオード	1N60	I-07699	2	7.5	15	〃
フォトリフレクタ	TPR-105F	I-12626	2	40	80	〃
1/6W抵抗	680Ω	R-16681	2	1	2	〃
1/6W抵抗	10kΩ	R-16103	2	1	2	〃
1/6W抵抗	220kΩ	R-16224	2	1	2	〃
電池ボックス(リード線付き)	単四-3本用	P-03195	1	60	60	〃
ギヤードモータ	FM90	M-14801	2	250	500	〃
スライドスイッチ	1回路2接点	P-15705	1	30	30	〃
両面ユニバーサル基板	47mm×36mm	P-12171	1	40	40	〃
ミニ4駆用　小径タイヤ	GP.239		1	189	189	ヨドバシカメラ
				合計金額	990 円	

今回は、反射型の「フォトリフレクタ」を使うので、センサの取り付け位置は重要です。
図面を参考にして、2つの「フォトリフレクタ」を配置してください。

私は、センサ基板とモータドライブ基板を別々に作ってコネクタで接続しました。
これは、もし、センサ基板に不具合があった場合に交換できるようにするためです。

もし、その必要がないという場合は、センサを含めて1枚の基板で作ってもかまいません。
モータと並列に入っているダイオードは「フライバック電圧吸収用」なので、必ず付けます。

■タイヤを「ギヤードモータ」に付ける

「ギヤードモータ」には、「ミニ4駆用の小径のタイヤ」を付けます。
今回使用したタイヤの径は、「約24mm」、シャフトの穴は「1.7mm」ほどです。

この径は、「ギヤードモータ」の駆動軸の中心の穴とほぼ一緒です。
ただ、この径のシャフトはなかなか入手できません。
そこで、今回は、竹串を削っていって、この径のシャフトを作ります。

寸法図面は次の通りです。

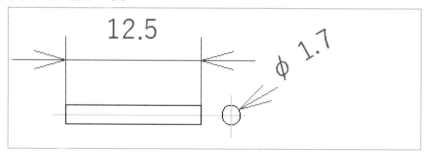

竹串の寸法

まず、次のように竹串を「30mm」に切って「2本」作ります。
それを「ボール盤」があれば、ボール盤にチャッキング(固定)します。
ボール盤がなければ、電動ドライバードリルにチャッキングします。

チャッキングするときは、材料がつぶれるので、あまりきつく締め過ぎないようにします。

そして、回転させた竹串にサンドペーパーを接着した板を当てて、削っていきます。

あまり強く当て過ぎないことが「コツ」です。
サンドペーパーの番数は「120番～180番」ぐらいがいいでしょう。

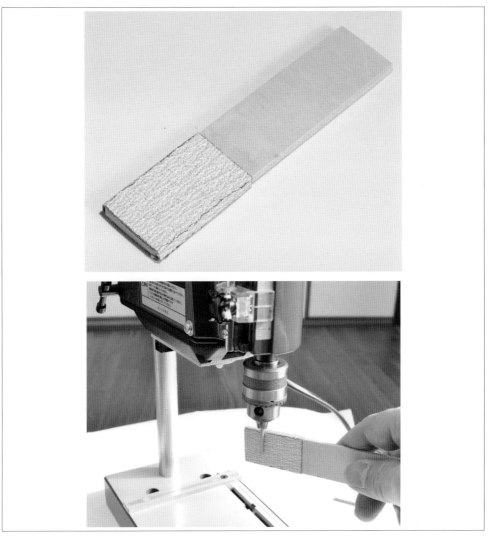

サンドペーパーを板に貼り付けて、ボール盤にチャッキングして削る

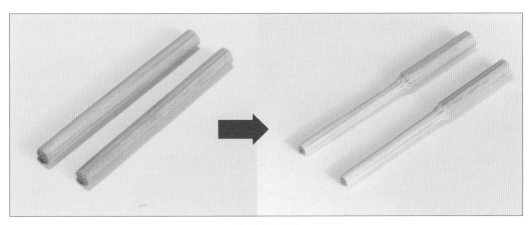

削った竹串の例

　意外と短い時間で削れるので、ときどきホイールの穴に入れながら、きつすぎず、ゆるすぎず、ちょうどいい感じで入るように削ります。

　また、先端部分の方が多く削れる傾向があるので、チャッキングの根元に心持ち多く力を入れる程度にして均一に削るようにします。

　よほど緩くならない限り、最終的には接着剤で接着するので、空回りすることはないでしょう。爪楊枝で作る手もありますが、強度は竹の方があるので、できれば竹串を使います。

　ちょうどいい感じに削れたら、「12.5mm～13mm」の長さで切ります。
　このとき、ニッパーなどで切ると先端がつぶれるので、カッターナイフを使って、串を回しながら刃を押し当てて切ります。

　シャフトが2本できたら、接着剤を塗って「シャフト」を「ホイール」と「ギヤードモータ軸」に固定します。
　使う接着剤は、「合成ゴム系」「シリコンゴム系」などが適しています。
　「木工ボンド」は適しません。

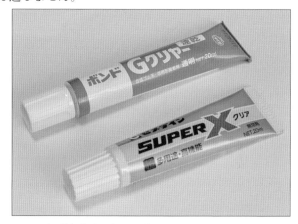

上が「合成ゴム系」、下が「シリコンゴム系」の接着剤

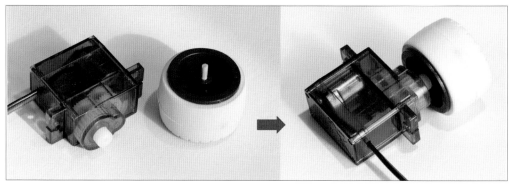

シャフトでタイヤをつなぐ

■「ライントレース・カー」の車体図面

今回使った部品は、一般的な「ライントレース・カー」と比べると、とても小さいため車体全体も極めてコンパクトに作ることができます。

ボディーなどは好みの形にするとよいでしょう。

今回、私が作った車体の大まかな図面を示します。

部品表では、単4電池3本を1つの電池BOXで作るようになっていますが、今回、2本と1本に電池を分けて配置し、1本はギヤードモータの上に乗せるようにしました。

車体のデザインによって、各人で工夫してみてください。

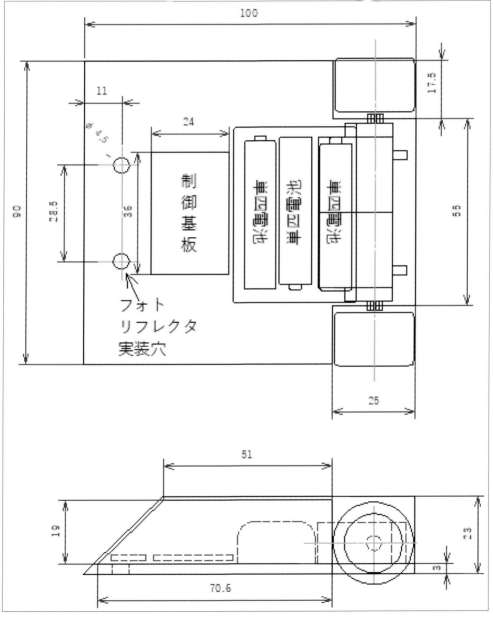

「ライントレース・カー」の図面

13

どんな形のシャーシでも、かならずセンサの入る板の内側は黒く塗装してください。

多少でも黒くない部分（不完全な塗装）があると、センサが正しく黒い線を感知できずに誤動作になり、モータが回りっぱなしになります。

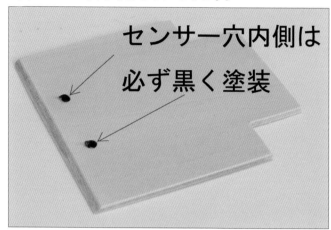

センサ部分の黒塗り

■テスト走行

次に、「シャーシ」に各パーツを取り付けます。

「電池Box」「ギヤードモータ」は底面に両面テープを貼って付ければ充分です。

基板は、センサ部分を穴に入れれば、特に固定しなくてもいいでしょう。

シャーシに各パーツを固定

電池は、新品のアルカリ電池3本を入れます。充電式のニッケル水素電池でもOKです。

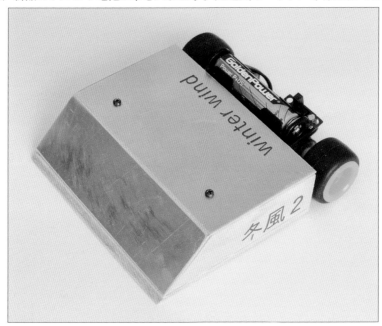

完成した小型「ライントレース・カー」

そして、写真のように、一般的な幅19mmの黒いビニールテープを床面などに貼ってトレースラインを作ります。

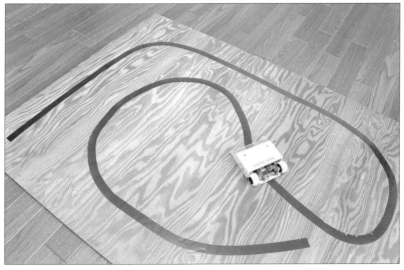

ビニールテープでラインを引く

電池のコネクタを基板の電源部分に接続しスイッチを入れ、ライン上に置きます。
車を置くと同時に走行し始め、きちんと黒いラインに沿って動いていきます。

ちなみに、写真のようなラインを作って左側の端からスタートさせると、最後はスター

トラインに戻って止まります。

ラインにうまく沿って走行しない場合は、まず、次の点をチェックしてください。

①「回路」が正しく作られているか

　電源を入れて、指をセンサ部分に近づけてモータが回れば、回路はOKです。

　回路基板だけだと正常にセンサに反応してモータは回るが、シャーシにセンサ基板を固定すると、モータが回りだす状態は、センサ穴の内側にある黒い塗装部分が不完全なので、しっかりと黒く塗ります。

②「外乱光」の影響を受けていないか

　実験している部屋が(特に太陽光などで)かなり明るい場合は、直射日光でなくても、ブラインドやカーテンなどで光を和らげます。

　「外乱光」の影響を受けると、電源をつないでスイッチを入れただけで、勝手にモータが回り出します。
(回路が正しく作られていれば、暗いところに持っていけば、モータの回転は止まります)

③「センサの感度」は問題ないか

　センサに指を近づけたり、離したりして、モータが正常に回転や停止をするのに、ライン上に置いても、黒い線を感知せず、トレース走行しない場合は、「抵抗の値」を調整する

　センサ感度に関連する抵抗は、「220kΩ」と「680Ω」の2本です。
　それぞれの値を次の表で確認して、調整が必要な場合は異なる値の抵抗に変えてみてください。両方を変える必要はなく、どちらか一方でOKです。通常は、680Ωを変えることで、たいていうまくいきます。
電池の本数を増やしたときなどに、調整が必要になるかもしれません。

センサ感度の抵抗調整

	抵抗値を上げる	上げる目安(Max)	抵抗値を下げる	下げる目安(Mini)
680Ω	感度が下がる	1kΩ	感度が上がる	220Ω
220kΩ	感度が上がる	330KΩ	感度が下がる	68kΩ

■**走行状態調整**

　うまく走行できた場合でも、ちょっと動きが今ひとつ、ということもあるでしょう。

　その1つに、「タイヤがスリップして進まない」ということがあります。

　その場合の対処法として、「輪重を上げる」があります。

　聞きなれない人も多いかもしれませんが、「輪重」とは、「タイヤにかかる圧力」のことです。

　最近の実際の車では「FF車」（フロントエンジン・フロントドライブ）が多くなっていますが、「FR車」（フロントエンジン・リアドライブ）に比べて、前にあるエンジンの重量が前輪に多くかかります。

　そのため、駆動輪の輪重が「FR」に比べて大きくなり、冬の雪道などではスリップしにくくなるのです。

　この状況は、タイヤがスリップしているときの対処法に使えます。

　タイヤの素材は、ゴムやスポンジなどを使っていると思いますが、この材質によってタイヤと地面との摩擦が大きく変わってきます。

　今回の車両は「ライントレース・カー」としては、かなり小さく軽い方だと思います。

　そのため、タイヤの材質によっては輪重がかからずスリップして前に進めない状態になることもあります。

　そのときは、輪重を上げることで解決できます。

　また、単純に「ギヤードモータ」の上に「単二電池」を乗せるだけでも解決します。

電池を乗せて輪重を上げる

　もちろん、最終的にこの方法を行なうということではなく、実験的に「単二電池」というかなり重いものを乗せたにも関わらず、スリップせずに走行できるということを確認

してもらいたかったのです。

　このことで分かるように、全体の重量は同じでも、たとえば、「輪重をかける」という意味では、走行用の電池をギヤードモータの上に配置する方がいいことが分かります。

　また、「単四」ではなく、「単三電池」の方が重いのでよいかもしれません。
その他の方法としては、タイヤそのものをグリップ性のあるスポンジタイヤやラバー製のゴムタイヤに変えることでもスリップ状態は改善できます。
　ミニ四駆用のタイヤにはいろいろなものが販売されているので、いちばんよさそうなものを試してみるといいでしょう。

　もう1つの変更点としては、「電池の本数を変える」こともできます。

　電池を直列に4本にすれば、当然走行スピードが上がることは想像できます。

　今回の回路では「何Vまで電池の電圧を増やしてもいいのか？」という点ですが、回路的には、「12V」でも問題はありません。

　しかし、ギヤードモータは6V程度までが限界かと思われるので、電池の本数としては、4本ぐらいが限界です。
　あまり電池の本数を増やすとモータが早くだめになってしまいます。

　実際には、今回のように「3本」(4.5V程度)でも、かなりいい感じでトレースしてくれるので、見ていて爽快です。ただし、タイヤがスリップしないように工夫してください。

■「ライントレース・カー」タイムトライアル
　今回製作した「ライントレース・カー」のおおまかなレギュレーションは、
①縦・横の長さ・高さ:10cm×9cm×2.3cm
②重さ:100g(電池を含む)
③電池電圧:4.5V(単四-3本)
④ボディー:3mm厚シナ合板(一部　1.2mm厚-アルミ板)
⑤タイヤ:2輪
⑥制御回路:マイコンなし、モータドライブはNch-FET
⑦センサ:赤外線反射型(フォトリフレクタ)

　というものでしたが、各学校などで、自由に各レギュレーションを決めて、一定のコースを走行させる「タイムトライアル」などをやってみるのも、おもしろいかもしれません。

1-2 「ホールIC」を使った回転計（rpm計）

実際のモータの「回転数」（rpm）やギヤードモータの回転数を測定したいことがあります。

今回は、そのような場合に使える「ホールIC」を使った「rpm計」を作ってみます。
PICマイコンを使って、「500円程度」で作れます。

rpm計で回転数を計測

■rpm計

「rpm」とは、「revolutions-per-minute」の略で、「1分間に何回転しているか」を表わす単位です。

ロボットなどで使うギヤードモータには、ギヤ比ではなく、この「rpm」が表記されていることも珍しくありません。

「rpm」が低くいほど高トルクのギヤードモータであることが分かります。
たとえば、「モータのrpm」が「10000」で、「ギヤ比」が「1:100」だとすると、実際の出力軸の理論上のrpmは、

10000 ÷ 100=100rpm

と、なります。

モータのrpmは、実際に加える電圧や、出力軸に加える負荷でも変化するので、その表記はあくまでも目安で、必ずしも理論値どおりにはなりません。

今回は、モータやギヤードモータの無負荷状態でのrpmを測定するための実験を行ないます。

回路やプログラムは簡単ですが、実際の測定では、測定しようとするモータ軸に、ホールICを正しくセットする工夫が重要になります。

■非接触式レーザーrpm計

Amazonで検索すると、非接触式の「レーザーrpm計」が1500円程度の安価で売られています。

実際に買って使ってみると、それなりにきちんと動作することが確認できました。
(当たり前かもしれませんが…)

ここまで、安いと、自分でわざわざ作ることもないと思えてきますが、買うより安い金額で作れるし、プログラムやハードウエアの勉強にもなるので作ってみることにしましょう。

レーザーrpm計

■回路図

次に、今回製作する「rpm計」の回路図を示します。

特に難しいところはありませんが、万単位のrpmまで表示できるように7セグLEDを5桁にしています。

使う「PIC」はPIC16F1827(160円)です。1個単位の7セグLEDを5個使ってもいいのですが、3桁で70円という小さくて安いLEDがあったので、それを2つ使って6桁にしています。

ただ、実際に表示できるのは「5桁」(65535rpm)までです。
ラジコン用の高回転ブラシレスモータでも「50000rpm」を超えるものはそんなにはないと思うので、充分な桁数です。

「回転数の検知」には、「ホールIC」を使います。

モータ軸に取り付けた磁石で、ホールICが磁力を検知して、単位時間あたりのカウントからrpmを計算する仕組みです。

今回使った「ホールIC」（SK8552）は、ラッチなしで、N極、S極ともに反応し、正論理の出力をします。

磁力を検知しないと「0」となり、出力信号は出ないので、簡単に使うことができます。

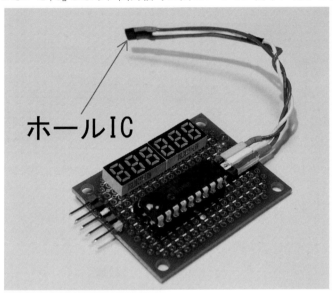

完成した基板

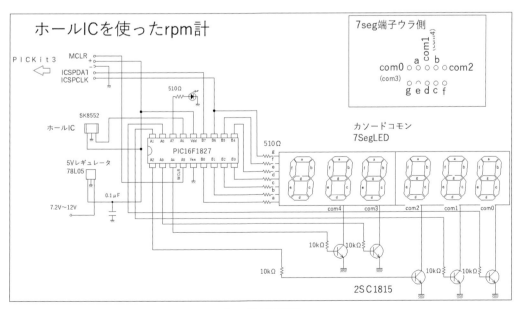

「rpm計」の回路図

「ホールICを使ったrpm計」の主な部品表

部品名	型番	秋月通販コード	必要数	単価	金額	購入店
PICマイコン	PIC16F1827	I-04430	1	160	160	秋月電子
NPNトランジスタ	2SC1815など	I-02612	5	5	25	〃
ホールIC	SK8552	I-11029	1	40	40	〃
5Vレギュレータ	78L05など	I-08973	1	20	20	〃
Φ3mm LED	OSR5JA3Z74Aなど	I-11577	1	10	10	〃
小型3桁7セグメントLED	カソードコモン	I-14727	2	70	140	〃
18PIN 丸ピンICソケット		P-00030	1	40	40	〃
0.1μF積層セラミックコンデンサ		P-00090	1	10	10	〃
1/6W抵抗	510Ω	R-16511	8	1	8	〃
1/6W抵抗	10KΩ	R-16103	5	1	5	〃
両面スルーホールユニバーサル基板	47mm×36mm	P-12171	1	40	40	〃
				合計金額	498 円	

■プログラム

次に、プログラムを示します。

計測は、1分間カウントするのではなく、1秒間計測を行って、得られた値を60倍して表示します。

この考え方では、2秒測定して30倍するなど、いろいろと変更はできます。

また、計測中リアルタイムで測定結果を表示することもできますが、そうすると、回転数の速い場合（5000rpmを超えるような場合）は表示の時間がウエイトになってしまい、正しいカウントができなくなります。

そのため、今回は、「1秒計測して、1秒間表示」するようにしました。

表示する秒数は何秒でも構いませんが、表示時間を多くすると、測定頻度が少なくなります。しかし、安定して回転している場合には、測定頻度を少なくしても、問題はないので、表示時間は、好みに応じて変更してみてください。

```
//------------------------------------------------
// ホールICを使ったrpm計プログラム
//  プログラムの制約上、65535rpm以上は測定できません。
// programmed by mintaro kanda
//  2021-9-5(Sun)  for CCS-Cコンパイラ
// PIC16F1827 Clock 16MHz
```

```
//-----------------------------------------------
#include <16F1827.h>
#fuses INTRC_IO,NOMCLR
#use delay (clock=16000000)
#use fast_io(A)
#use fast_io(B)

int keta[5]={0,0,0,0,0};
long count=0;

#int_timer0//タイマー0
void timer_start()
{
    count++;
}
void insert(long cnt)
 {//表示用桁配列(keta[ ])に値を入れる
    long amari,waru=10000;
    int i;
    amari=cnt*60;//約1秒間計測しているので60を乗じる
    for(i=0;i<4;i++){
      keta[4-i]=amari/waru;
      amari%=waru;
      waru/=10;
    }
    keta[0]=amari;
}
void disp(long cnt)
{//7セグメント表示ルーチン
    int i,scan,data;
    int seg[11]={0x3f,0x06,0x5b,0x4f,0x66,0x6d,0x7d,0x07,0x7f,0x6f,0};
    scan = 0x1;
    insert(cnt);//表示用桁配列に値を入れる
    for(i=0;i<5;i++){

      switch(i){//ゼロサプレス
          case 1:if(keta[1]==0 && keta[2]==0 && keta[3]==0 &&
keta[4]==0) continue;
                 break;
          case 2:if(keta[2]==0 && keta[3]==0 && keta[4]==0) continue;
                 break;
          case 3:if(keta[3]==0 && keta[4]==0) continue;
                 break;
          case 4:if(keta[4]==0) continue;
      }
      //7seg
       data=seg[keta[i]];
       output_b(data);
       output_a(scan);
       delay_us(100);
       scan<<=1;
```

```
      }
    output_a(0x0);
    delay_us(50);
}
void main()
 {
  long lo,memolo;//（エル・オー）
  set_tris_a(0x60); //a5,a6ピン入力に設定
  set_tris_b(0x80); //b0-b6を出力に設定
  setup_oscillator(OSC_16MHZ);//内蔵のオシレータの周波数を16MHzに設定
  setup_adc_ports(NO_ANALOGS);//aポートすべてデジタル指定
  //タイマー0初期化
   setup_timer_0(T0_INTERNAL | T0_DIV_256);
   set_timer0(0); //initial set
   enable_interrupts(INT_TIMER0);
   enable_interrupts(GLOBAL);

  memolo=lo=0;//カウンターの初期値
  while(1){
      if(count>60){//約1秒間でカウントを終了
          memolo=lo;
          lo=count=0;
          while(count<60){//計測後1秒間表示、2秒表示したければ120とする
                         //その場合計測頻度は半分になる
              disp(memolo);
          }
          count=0;
      }
      if(input(PIN_A6)){
          output_high(PIN_A7);
          while(input(PIN_A6));
          output_low(PIN_A7);
          lo++;
      }
      //disp(memolo);//この位置にdisp()を入れると常時表示されるが、回転数が速く
なると
                  //対応しきれず、正しい値が出にくくなる
  }
}
```

■測定用回転アタッチメント

　「回転するものの測定」を行なうには、写真のように、磁石を回転させるための「アタッチメント」が必要になります。

　とは言っても、それほど難しいものではなく、木の薄い板に磁石の穴とモータ軸の穴を開けて取り付けるだけです。

　写真の木の板は「アイスのスティック」を使ったもので、簡単に作ることができます。

黒い部分は、レーザーrpm計で測定し値を比較するための「マスキングシール」なので、レーザー測定を行なう必要がない場合は必要ありません。

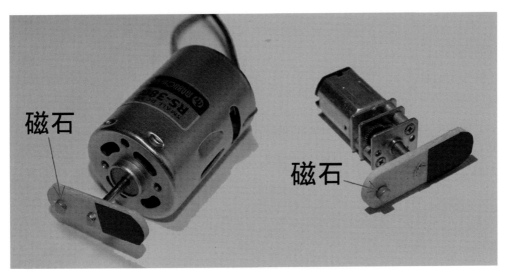

計測用のアタッチメント

今回使った磁石は、Φ3mmで長さが4mmのネオジム磁石ですが、なるべく小さいものを使って回転バランスが極端に悪くならないようにしてください。

■測定方法

測定する場合は、回転アタッチメントの磁石付近にホールICを近づけて、モータを回転させます。

前述したように、1秒ごとに計測と表示を交互に行って計測結果を表示します。

安定した計測を行ないたい場合は、モータはきちんと固定し、ホールICも同様に「モータ固定プレート」に固定すると良いでしょう。

私が実際に測定した結果では、「RS380モータ」に7.2Vの電圧を加えたときの値が「14100rpm」でした。

これと同じ条件で、オシロスコープにホールICを接続して測定した結果では、「235Hz/Sec」となりました。

この値から計算すると、「235×60=14100」となり、この程度の回転数までは正しい結果が出ていることが分かります。

しかし、これ以上の高速回転モータの場合、どこまで正しい測定結果が出るかは分からないので、いろいろと実験してみてください。

1-3 7セグメント用LEDドライバIC「TM1630」駆動実験

電子工作のさまざまな場面で「7セグメントLED」を使う機会は多いものです。

しかし、4桁、5桁と桁数を多く必要とする場合は、7セグメントのダイナミック表示を行なうために、マイコンはメインの処理よりも、数字表示のための処理負荷が重くなってしまうというデメリットがあります。

そこで今回は、それを解決するためのドライバIC「TM1630」を使った実験をしてみます。

桁数の多い表示をする場合や、PICの数字表示負荷を軽減できるので、広く応用できそうです。

TM1630を使ったrpm計回路基板

■5桁7セグメントドライバIC「TM630」」

TM1630

今回使うのは、中国タイタンマイクロエレクトロニクス社の7セグメント用LEDド

ライバIC「TM1630」(70円)です。

このICは、マイコンと3本の線のみで接続して、「最大5桁」(小数点を使わない場合)までのカソードコモン7セグメントLEDを駆動できます。

各種端子と機能

端子	機能	機能説明
DIO	データ入出力	クロックの立ち上がりエッジでの入出力シリアルデータ(下位ビットから開始)。
STB	チップセレクト	立ち上がりエッジまたは立ち下がりエッジでシリアルインターフェイスを初期化し、命令の受信を待ちます。STBがローになった後の最初のバイトが命令として使用されます。リクエストタイム、その他の現在の処理は終了します。STBがハイの場合、CLKは無視されます。
CLK	クロック	クロックの立ち上がりエッジでの入出力シリアルデータ
K2	キースキャンデータ入力	(※今回は使用しない)
SEG2〜SEG8	出力(セグメント)	セグメント出力(キースキャンとしても使用)、オープンドレイン出力
GRID1〜GRID5	出力(コモン端子)	7セグLEDの各桁のコモン端子へ
VDD	+5V	
GND	グランド(−)	−

前に紹介した「rpm計」では、5桁の数値を表示するために「PIC16F1827」のI/O端子を12本も使ったことを思うと、いかにI/O端子を減らせるかが分かります。

加えて、前の「rpm計」では、1秒計測の1秒表示というように、計測のためのカウントにマイコンの処理を集中している間は、計測値を表示できませんでした。

しかし、「TM1630」を使えば、そのような制約も解消することができます。
LEDのコモンドライブ用のトランジスタもセグメントに付けていた510Ωの抵抗もいらず、マイコンも「PIC16F1503」(85円)のような14PINタイプに変更できるので、トータルの製作費は450円以下になりました。

「PIC」の機能に「SPI」や「I2C」などのシリアル通信機能も必要ないので、よほど処理の遅いPICでない限りどれでも使うことができます。

なお、回路図では、「rpm計」としても機能するように「ホールIC」を加えた回路になっているので、「rpm計」の必要がない場合は省略してください。

■実験回路図

回路図には、「7セグメントLED」に対するコモン用のトランジスタもなく、各セグメントに付ける抵抗もないので、回路の製作はいたって簡単です。

回路図にあるように、「TM1630」の「DIO端子」「CLK端子」「STB端子」にはそれぞれ10kΩの抵抗を付けてプルアップしてください。

また、7セグメントLEDはカソードコモン対応になりますので注意してください。前回同様、トータル6桁の7セグLEDとなっていますが、5桁で機能させます。

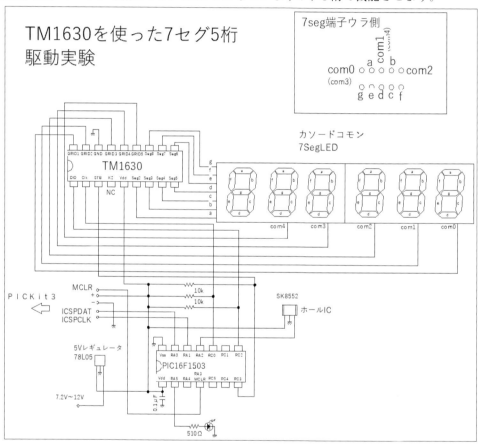

TM630を使った7セグ5桁駆動実験の回路図

「TM1630を使った7セグ5桁表示実験」の主な部品表

部品名	型番	秋月通販コード	必要数	単価	金額	購入店
PICマイコン	PIC16F1503	I-07640	1	85	85	秋月電子
7セグメントドライバ	TM1630	I-13223	1	70	70	〃
ホールIC	SK8552	I-11029	1	40	40	〃
5Vレギュレータ	78L05など	I-08973	1	20	20	〃
Φ3mm LED	OSR5JA3Z74Aなど	I-11577	1	10	10	〃
小型3桁7セグメントLED	カソードコモン	I-14727	2	70	140	〃
14PIN 丸ピンICソケット		P-00028	1	25	25	〃
0.1μF積層セラミックコンデンサ		P-00090	1	10	10	〃
1/6W抵抗	510Ω	R-16511	1	1	1	〃
〃	10kΩ	R-16103	3	1	3	〃
両面スルーホールユニバーサル基板	47mm×36mm	P-12171	1	40	40	〃
				合計金額	444 円	

■5桁カウントアッププログラム

次に、「TM1630」を使った「5桁のカウントアップ（テスト）プログラム」を示します。

「TM1630」には、マニュアルに従って、DIO端子にシリアルデータを送ることによって数字を表示します。

シリアルデータの送り方としてはSPIシリアルデータにも似ているので、最初は、CCS-CのSPI関数でいけるのではと思いましたが、うまくいきませんでした。

1バイトのデータを下位ビットから送るような仕様など、その他の理由もあると思いますが、結局自前で「tm1630_write()」という関数を作ることで対応したので、「CCS-Cコンパイラ」でなくても、他のコンパイラへの移植は容易だと思います。

「TM1630」は、多桁表示のときによく使う「ダイナミック表示機能」をもっています。
各桁の数字はラッチ（（保護）されるので、マイコン側から、ダイナミック表示のためのトランジスタドライブによるコモンドライブは必要ありません。

しかし、7セグメントドライバIC「4511」のような数字を構成するセグメントドライブ機能はないので、セグメントパターンデータはマイコン側から送る必要があります。
このことは、不便なようにも思えますが、「6,7,9」などのセグメントパターンも好きなように構成できますし、「a〜f」のような16進数のパターンも構成できるので、これでいいと思います。

シリアルデータの詳細なフォーマットは、メーカーのデータを参照してほしいのですが、実際にはよく分からない（説明不足な）点もあります。

「なぜ、その値なの？」ということについて明確に説明しにくいところもありますが、結果としては機能させることはできました。

特に、このTM1630は最大5桁表示のICであるにもかかわらず、ドライブする桁に対するデータを5桁分ではなく7桁分送らないと正しく表示できませんでした。

この解決には、かなりの時間を費やしました。

また、輝度レベルを8段階で調整できるように書いてあるのですが、その点もうまくいきませんでした。（私の読解力不足ではあると思うのですが…）

現在のプログラムでは、おそらく最高輝度レベルになっているので、明るすぎる場合は、各セグメントと「TM1630」の間に「330Ω～1kΩ」の抵抗（合計で7個）を入れてください。

抵抗を入れなくても、回路全体の電流は「80mA」程度でしたから問題はありません。

```
//------------------------------------------------------
// PIC16F1503 TM1630を使った5桁カウントアップ Program  (CCSC)
//  Programmed by Mintaro Kanda
//  2021.9.19(Sun)
//------------------------------------------------------
#include <16F1503.h>
#fuses INTRC_IO,NOWDT,NOPROTECT,NOMCLR,NOLVP,PUT,BROWNOUT
#use delay (clock=16000000)
#use fast_io(A)
#use fast_io(C)
int keta[]={0,0,0,0,0,0,0};//添え字5,6番目の値はダミー値
int count=0;

#int_timer0 //タイマー0
void timer_start()
{
  count++;
}
void insert(long ct)
 {
    int i;
    long amari,waru=10000;
    amari=ct;
    for(i=0;i<4;i++){
      keta[4-i]=amari/waru;
      amari%=waru;
      waru/=10;
    }
    keta[0]=amari;
```

```
    // ゼロサプレス機能
    for(i=0;i<4;i++){
        switch(i){
          case 0:if(keta[1]==0 && keta[2]==0 && keta[3]==0 &&
keta[4]==0){
                    keta[1]=keta[2]=keta[3]=keta[4]=10;
                } break;
          case 1:if(keta[2]==0 && keta[3]==0 && keta[4]==0){
                    keta[2]=keta[3]=keta[4]=10;
                } break;
          case 2:if(keta[3]==0 && keta[4]==0){
                    keta[3]=keta[4]=10;
                } break;
          case 3:if(keta[4]==0) keta[4]=10;
        }
    }
}
void tm1630_write(int in)
{
    int i;
    for(i=0;i<8;i++){
      output_high(PIN_C0);
      if(in & 0x1){//下位1bit取り出し
        output_high(PIN_C2);
      }
      else{
        output_low(PIN_C2);
      }
      in>>=1;
      delay_us(1);
      output_low(PIN_C0);
      delay_us(1);
    }
}
void disp(long valu)
{           //7セグメントパターンデータ↓
    int seg[]={0x3f,0x06,0x5b,0x4f,0x66,0x6d,0x7d,0x07,0x7f,0x6f,0x0};
    int i;
    insert(valu);
  //(1)表示モード設定
    output_low(PIN_C3);
    tm1630_write(0x01);//5桁7セグメント
    output_high(PIN_C3);

  //(2)データ設定
    output_low(PIN_C3);
    tm1630_write(0x44);//データ書き込み、固定アドレス、通常モード
    output_high(PIN_C3);
    for(i=0;i<7;i++){
    //(3)表示(REG)先頭アドレス設定
      output_low(PIN_C3);
```

```
        tm1630_write(0xc0+i);//i桁目
    //(4)セグメントデータ設定
        tm1630_write(seg[keta[i]]);
    //(5)表示のラッチ & 輝度レベル設定
        tm1630_write(0x81);//表示ON?、輝度レベル?
        output_high(PIN_C3);
    }
  delay_us(100);
}
void main()
{
    long cnt,cntb;
    set_tris_a(0x0);
    set_tris_c(0x0);
    setup_oscillator(OSC_16MHZ);
    setup_adc_ports(NO_ANALOGS);
    setup_timer_0(RTCC_INTERNAL | RTCC_DIV_64);

    //タイマー0初期化
    set_timer0(0); //initial set
    enable_interrupts(INT_TIMER0);
    enable_interrupts(GLOBAL);

    output_c(0x0);
    output_a(0x0);
    cnt=0;
    while(1){
        cntb=cnt;
        if(count>4){//4の値を増減するとカウントアップするスピードが変わる
            count=0;
            cnt++;
        }
        if(cntb!=cnt){
          disp(cnt);
        }
    }
}
```

■「rpm計」への応用

先ほど紹介した「rpm計」を、このTM1630を使ったものにしてみました。
回路基板を比較すると次のような感じになります。

今回の方が結果として安価にできることはメリットです。
「TM1630使った回路」では、計測中に7セグメントLEDの処理を必要としないため、計測した値の表示が消えることはありません。
計測時間は、前回同様1秒間です。

「TM1630」を使うためにはシリアルデータを送って機能させなければいけないので、

プログラムとしての難易度は上がります。

その点を除けば、たった444円で「rpm計」を構成できるのは大きなメリットです。

その他の回路でもPICの数字表示の負荷を軽くできるので応用範囲は広そうです。

回路基板の比較

なお、TM1630を使ったrpm計のプログラムは以下のようになります。

```
//-------------------------------------------------------
// PIC16F1503 TM1630を使った5桁 rpm計 Program  (CCSC)
//  Programmed by Mintaro Kanda
//  2021.9.20(Mon)
//-------------------------------------------------------
#include <16F1503.h>
#fuses INTRC_IO,NOWDT,NOPROTECT,NOMCLR,NOLVP,PUT,BROWNOUT
#use delay (clock=16000000)
#use fast_io(A)
#use fast_io(C)
int keta[]={0,0,0,0,0,0,0};//5,6番目の値はダミー値
int count=0;

#int_timer0 //タイマー0
void timer_start()
{
  count++;
}
void insert(long cnt)
 {
    int i;
    long amari,waru=10000;
    amari=cnt*60;//約1秒間計測しているので60を乗じる
    for(i=0;i<4;i++){
      keta[4-i]=amari/waru;
      amari%=waru;
      waru/=10;
    }
    keta[0]=amari;
```

```
    //ゼロサプレス機能
    for(i=0;i<4;i++){
        switch(i){
          case 0:if(keta[1]==0 && keta[2]==0 && keta[3]==0 &&
keta[4]==0){
                        keta[1]=keta[2]=keta[3]=keta[4]=10;
                } break;
          case 1:if(keta[2]==0 && keta[3]==0 && keta[4]==0){
                    keta[2]=keta[3]=keta[4]=10;
                } break;
          case 2:if(keta[3]==0 && keta[4]==0){
                    keta[3]=keta[4]=10;
                } break;
          case 3:if(keta[4]==0) keta[4]=10;
        }
    }
}
void tm1630_write(int in)
{
    int i;
    for(i=0;i<8;i++){
      output_high(PIN_C0);
      if(in & 1){
        output_high(PIN_C2);
      }
      else{
        output_low(PIN_C2);
      }
      in>>=1;
      delay_us(1);
      output_low(PIN_C0);
      delay_us(1);
    }
}
void disp(long valu)
{
    int seg[]={0x3f,0x06,0x5b,0x4f,0x66,0x6d,0x7d,0x07,0x7f,0x6f,0x0};
    int i;
    insert(valu);
  //(1)表示モード設定
  output_low(PIN_C3);
  tm1630_write(0x01);//5桁7セグメント
  output_high(PIN_C3);

  //(2)データ設定
  output_low(PIN_C3);
  tm1630_write(0x44);//データ書き込み、固定アドレス、通常モード
  output_high(PIN_C3);
  for(i=0;i<7;i++){
  //(3)表示(REG)先頭アドレス設定
    output_low(PIN_C3);
```

```
      tm1630_write(0xc0+i);//i桁目
   //(4) セグメントデータ設定
      tm1630_write(seg[keta[i]]);
   //(5) 表示のラッチ  &  輝度レベル設定
      tm1630_write(0x81);//表示ON?、輝度レベル?
      output_high(PIN_C3);
    }
  delay_us(100);
}
void main()
 {
   long lo;//(エル・オー)
   set_tris_a(0x4);//RA2を入力ポート
   set_tris_c(0x0);
   setup_oscillator(OSC_16MHZ);
   setup_adc_ports(NO_ANALOGS);
   setup_timer_0(RTCC_INTERNAL | RTCC_DIV_256);

   //タイマー0初期化
   set_timer0(0); //initial set
   enable_interrupts(INT_TIMER0);
   enable_interrupts(GLOBAL);

  output_c(0x0);
  output_a(0x0);
  lo=0;//カウンターの初期値
  while(1){
     if(count>60){//約1秒間でカウントを終了
        count=0;
        disp(lo);
        lo=0;
     }
     if(input(PIN_A2)){//ホールICからの入力待ち
        output_high(PIN_A5);
        while(input(PIN_A2));
        output_low(PIN_A5);
        lo++;
     }
  }
}
```

第2章

「動かす」工作

この章では、「磁力」や「ファン」を動かす工作を紹介します。
また、各種の電子工作部品を「並列」「直列」につないだ場合の変化についても調べます。

2-1　ネオジム磁石とコイルを使った「リニア・アクチュエータ」を作る

　ロボットなどを製作する際に必要になるのが、動力源となるモータなどの「アクチュエータ」です。

　アクチュエータとは、「電気やエアーその他のエネルギーを使って、物理的運動に変換してくれる部品」のことです。

　モータは回転運動ですが、今回は直線的な運動をつくるための「リニア・アクチュエータ」を作ってみます。

完成した「リニア・アクチュエータ」と回路基板

■いろいろな「リニア・アクチュエータ」

　「リニア・アクチュエータ」とは、モータのような回転運動ではなく、直線的な動きをしてくれる動力源です。

　モータと同様に、市販品を購入することもできます。

　写真内の**A**は、Amazonで購入した「リニア・アクチュエータ」の1つで、電源端子に指定の電圧を加えると、「シャフト」(可動部分)が出たり入ったりします。

　シャフトが「出る」か「入る」かは、電源部分に加える電圧の「＋－」を変えることで制御できるようになっています。

　中には「回転アクチュエータ」であるモータとセンサが入っていて、モータの回転を「メカニカルな機構」(ギヤ)で、直線的な動きに変えています。

　センサは、シャフトが一定以上出たり入ったりすることを抑止するために設けられています。

　シャフトの動きはゆっくりですが、メカニカルな減速機構が入っているため、回転の「トルク」に相当する「推力」は相当なものがあり、写真Aのものでは、データ上では700N(kg換算では71.4kg)以上の推力が出ます。

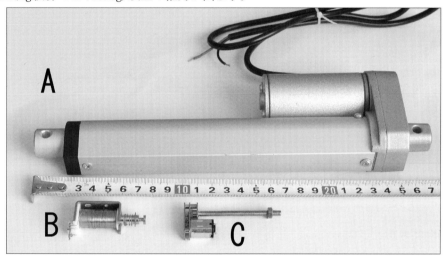

いろいろな「リニア・アクチュエータ」

　Bは、電磁石を使ったもので、「ソレノイド」と呼ばれ①電磁石、②ばね、③シャフトの3つで構成されており、単純に電磁石に通電するとシャフトがコイル内に引き込まれ、通電を止めるとシャフトは、ばねの力で元の位置に戻るというものです。

　Cは、かなり小型のモータとギヤによる減速機構を使った「リニア・アクチュエータ」を構成する一歩手前の部品です。

　「一歩手前」というのは、Cのパーツだけでは、単にモータに電気を流しても、長いネジのシャフトが回転するだけで、リニアな動きはなんら実現しません。

　しかし、ネジになっているシャフト部分に、たとえばナットを付けて、ナットが回転しないような仕組みを作ることよって、結果的にナットが直線的に動くことになります。

　Aのものと仕組みは似ていますので、小型ではあってもそれなりの推力を得ることができますし、「出入りの量」(ストローク)もそれなりに大きく取ることが可能です。

■電磁石による「リニア・アクチュエータ」

ギヤによる減速機構を用いた「リニア・アクチュエータ」の自作は、簡単ではありません。

市販のもので、適当な大きさのものが見つかればそれを使った方が確実でしょう。

機械的減速機構を使ったものでは、直線の動きがそれなりにゆっくりしたものになります。

それで良い場合はいいのですが、瞬間的に動いてほしい場合は、Bのような「電磁石」を使ったものが適しています。

ただ、市販されているBのような部品では、シャフトの一方(右か左)の側は通電を止めれば、ばねの力によって元の位置に戻ります。

それはそれでいいのですが、もし、その逆位置に止めておきたい場合は、電磁石に通電し続ける必要があります。

■「リニア・アクチュエータ」の仕組み

今回製作するリニア・アクチュエータは、電磁石を使ったもので、コイルに流す電流の+-を切り替えることで、シャフトの位置は左右どちらの位置にも切り替えられ、切り替わった後は、コイルへの通電は必要ないものにしました。

ただし、通電していないときには当然保持力は働きませんので、一定程度の保持力を必要とする場合は、通電しなくてはいけません。

リニア・アクチュエータを自作するメリットは、大きさやシャフトのストロークなどを、今回示した基本の形状を「拡大・縮小」することで、目的に合わせて自由に作ることができる点です。

仕組みは至った簡単です。

基本的に、構成するパーツは ①電磁石コイル、②(磁石+アルミ棒)シャフトの2つだけです。

この2つのパーツを図のように作り、コイルに流す電流の+-を切り替えるだけで、シャフトが左右に出たり入ったりします。

メカニカルなギヤ機構を使ったものに比べると、推力はさほどありませんが、動作は瞬間的です。

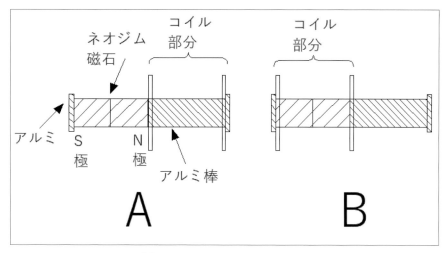

製作するリニア・アクチュエータの構造

　図で示すように、シャフトは「ネオジム磁石」と「アルミ棒」を接着して作ります。
　それぞれのシャフトの端にはストッパーとしてアルミ材で作った材料を固定(または接着)して取り付けます。これがないとシャフトが電磁石から抜けてしまいます。

　コイルに電流を流すと、磁石にはS極とN極があるので、流す電流の向きによって、磁石は(A)コイルから吐き出されるか、または(B)コイルに引き込まれるか、どちらかになります。

　ただ、ここで製作上、非常に重要なポイントがあります。
　次の図のように、磁石がコイルに引き込まれた状態が、「ちょうど、中間位置」になる(通常はこの位置で安定する)と、動作に支障が出てしまいます。

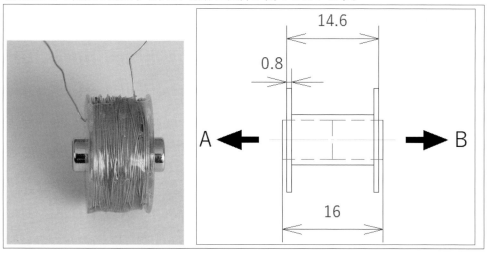

磁石がコイルのちょうど中間の位置にある場合

　それは、この状態から、磁石を吐き出す向きにコイルに電流を流した場合、磁石がA

とBどちらに吐き出されるかが「不定」になるからです。

　そこで、次の図のように、磁石が中心よりも、吐き出させたい方の一方に寄った位置で止まるようにシャフトの長さとコイルの長さを設計します。
　（最終的には、ストッパーを付けて、磁石がコイルの中間地点に行かないようにする）

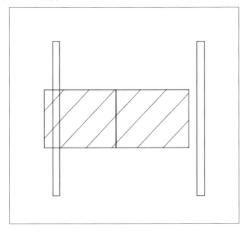

磁石がコイルの一方に寄った位置で止まるように設計

　このようにすることで、この図の場合は、左側の方にシャフトが吐き出されることになります。

■「コイルボビン」と「シャフト」を作る

　では、さっそく製作してみましょう。

　今回は、特に何に使うという目的はないので、大きさは、適当に次の図のようにしてみました。

　作るのは、「シャフト」「ストッパーリング」（磁石側に取り付けるものは、リング状である必要はありません）、「コイルボビン」（円形のツバとアルミのΦ8mm内径6.5mm芯パイプ）の3つです。

　コイルボビンには、その後「ポリウレタン線」を巻いて電磁石にします。
　市販のアルミパイプは、内径が6mmなので、ぴったりと思いましたが、Φ6mmの磁石やシャフトはきつくて入りませんでした。

　そこで、穴はΦ6.5mmに拡張しましたが、この作業は旋盤がないとできないので、旋盤作業ができない場合は内径6mmを丸ヤスリなどで削って、わずかでも6mmよりも大きく（6.2mm～6.3mm）して、シャフトがスムーズに動くようにします。

　また、Φ5.5mmの磁石もあるので、そちらを使うということもできます。

（ただし、長さは5.5mmが最大）

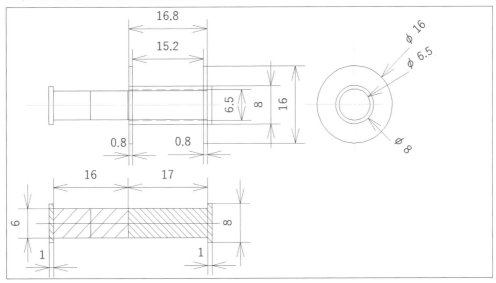

アルミシャフトの太さと長さは、「Φ6mm,L17mm」で、片方にストッパー用のリングをネジで固定します。

そのため、シャフトの片側センターに2mmのネジを立てます。
接着してしまうと、コイルのシャフトに通せなくなるため、このような構造にします。

ネオジム磁石側は、ネジを立てられないので接着するしかないのですが、エポキシ接着剤ではすぐに外れてしまったので、シリコンゴム接着剤に替えました。

ただ、アクチュエータを動作させてコイル側に吸い込んだときのストッパーなので、それなりの応力がかかるので接着だけではちょっと不安が残ります。
ストッパーの形状を変えたり、接着剤を替えたりなどを試して、外れないようにしてください。

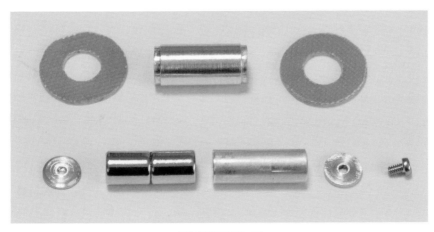

製作に必要なパーツ

　「ネオジム磁石」は、今回は手元にあった「Φ6mm、L8mm」のものを2つ接続して長さを16mmにして使うことにしました。
　購入先は、「株式会社マグファイン」です。

https://www.magfine.co.jp/jpn/

　磁石の長さが、おおよそのストロークになります。
　ストロークを長くするために、短い磁石を長手方向にたくさん連ねるのは、直線性が保てない場合もあるので、単体で長い磁石を選んだ方がいいでしょう。

　今回使った「Φ6mm,L8mm」のネオジム磁石の単価は、25個購入で1個70円でした。
　ちなみに、約2倍の長さの「Φ6mm,L15mm」のネオジム磁石の単価は、25個購入で1個91円、Φ6mmで最大の長さのものはL30mmで25個購入で1個123円ですので、長いストロークで試したいときは、こちらが使えると思います。

コイルボビンとシャフトを組立

■コイルを巻く

　次に、コイルボビンにポリウレタン線を巻いて、電磁石を作ります。
　今回はコイルに5Vをかけたときに、0.5Aぐらいの電流が流れるように設計しました。

　その場合、ポリウレタン線の太さはΦ0.26mmぐらいが適当です。
　ポリウレタン線の太さは、例えば今回の0.26mmを0.29mmに変更しただけでも、流れる電流は全く変わってくるので、作る前に、巻き数やボビンの長さ、アルミ芯パイプの太さなどを詳細に計算に入れてポリウレタン線の太さを決定します。
　この検討方法については、「電磁石のつくり方」（工学社）に掲載されているので、参考にしてください。

　では、ポリウレタン線を巻いていきます。

　手で巻いてもいいですが、かなり大変なので、私はいつも自作した「コイル巻き機」を使っています。

　これを使ったことで、7分ほどで、きれいに巻き終えることができました。

コイル巻き機を使ったコイル巻き

コイル巻き終わり

　巻き終わったら、線がバラけないように、コイルの周りをエポキシ接着剤などで固めます。

　完成したコイルの抵抗値を測定してみると、「10.86Ω」(5Vで0.46A)でした。

　製作前の理論値では、870回巻きで、「10.54Ω」となっていたので、だいたい合っています。

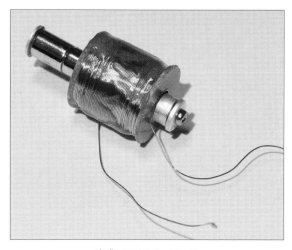

完成したアクチュエータ

■「＋－」切替回路

　今回製作したアクチュエータでは、コイルに流す電量の「＋」と「－」を変えることで、シャフトを動かします。

　そのため、FETのブリッジ回路を組んで、2つのタクトスイッチを押し分けることで動作させてみます。
　このような回路を組んでおけば、マイコンなどでも簡単に制御して使うことができます。

　以下に、回路図を示します。
　ちなみに、2つのタクトスイッチを同時に押しても、ショートすることはありません。

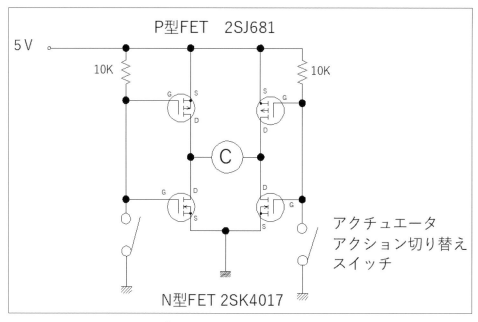

「リニア・アクチュエータ」制御回路

「ネオジム磁石を使ったリニア・アクチュエータ」の主な部品表

部品名	型番	秋月通販コード	必要数	単価	金額	購入店
P型FET	2SJ681	I-08358	2	40	80	秋月電子
N型FET	2SK4017	I-07597	2	30	60	〃
1/6W抵抗	10kΩ	R-16103	2	1	2	〃
タクトスイッチ		P-03648	2	10	20	〃
両面スルーホールユニバーサル基板	47mm×36mm	P-12171	1	40	40	〃
ポリウレタン線　※	Φ0.26mm		32.5m		68	電線ストアcom
ネオジム磁石	Φ6mm-L8mm		2	70	140	マグファイン
				合計金額	410円	

※ポリウレタン線の価格は1kg巻き(4510円)から割り出した金額で使用した重量は、14.9g(計算値)です。

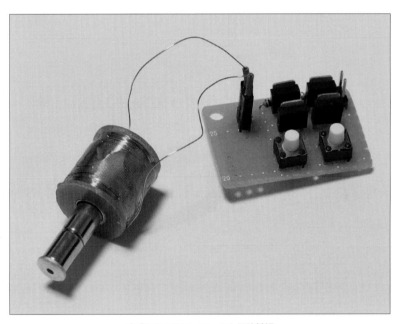

完成したアクチュエータと回路基板

■リニア・アクチュエータの用途

　リニア・アクチュエータの用途は、いろいろ考えらます。

　使う目的によって、大きさや、ストロークの違いなどがあり、なかなか市販のもので適当なものを見つけることが困難です。

　今回の製作例を参考にして、みなさんの用途に合う「リニア・アクチュエータ」を自作してみてください。

2-2　120mm電源用DCファンを使った扇風機

「暑い夏は、エアコンの効いた部屋でおうち時間」というのが、コロナ禍で3年目を迎え、お家から外へ出たいという気にもなってきます。

しかし、「三密」を避けようとすると、どうしても家にいる時間も長くなります。

そこで今回は、暑い部屋で少しでも快適に過ごすための、机に置いて使うちょっとした「DCファン扇風機」を作ってみました。

完成した扇風機

■12cm角電源ファンを使う

12cm角電源ファン

　扇風機は、それほど高いものでもないので、市販のものを買えば済む話ですが、身近なもので簡単に作ることができます。

　今回使うのは、写真のような120mm角の電源用ファン2つです。1個よりは、2個の方が強力だと思ったので、2つ使うことにしました。

　最初は、マイコンを使って、ボタン操作で、ファンのON-OFFや風量コントロールを行おうとも思いましたが、まずは、何の変哲もない、「ただ12V電源につないで回すだけ」ということで作ってみました。

　とにかくシンプルなので、「マイコンやプログラミングはちょっと…」という方でも簡単に作ることができます。

　「120mmファン」は、安価なものだと、2つで1000円以下でも入手可能です。
　私は、メルカリを使って、新品2つで「900円」（送料込み）程度でした。
ちなみに、秋月電子では、92mm角で1個「450円」です。

■「木枠」と「ベース板」「支柱」を作る

　今回の製作の中心は、ファンを固定する「枠」と、「ベース板」と「支柱」を作るだけです。

　作りやすいように、大変シンプルなものにしました。
　使用する木材は、ホームセンターで一般的に売っている「合板」（ベニヤ）の5mm厚程度のものです。
　以下に、図面と部品図を示すので、部品図で示したサイズのパーツを合板から切り出します。
　切断にはのこぎりを使います。

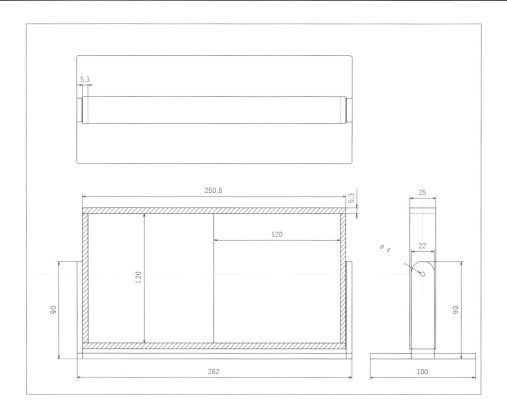

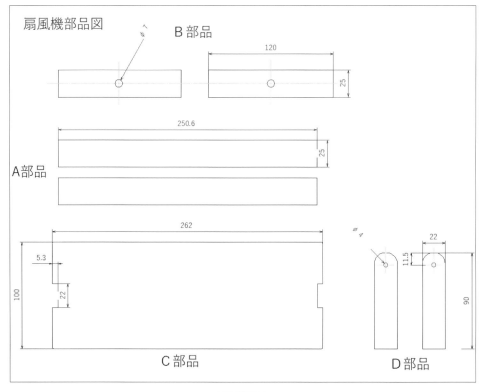

扇風機図面

■組み立てる

各パーツを切り出したら、いくつか加工を施して組み立てます。

まず、ベース板に「支柱D」を立てるための「切り欠き」の加工を行ないます。

この切り欠きは、入れずに接着すると充分な強度が得られないので、必ず入れます。
　加工は、写真のように墨線（加工の目印線）に従って、のこぎりで切り込みを8〜9本入れます。

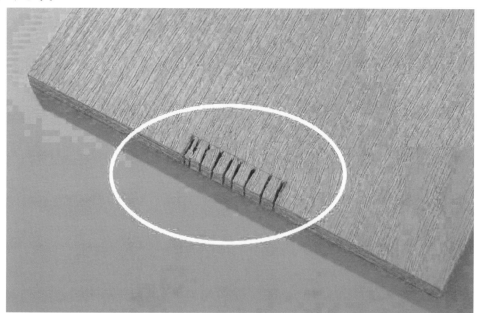

次に、カッターナイフで切り込みと直角に切っていきます。

そうすると、簡単に切り落とせます。
けがをしないようにあまり強い力を入れずに慎重に行います。

切り欠きの完成

あとは、切り欠き部分に接着材を塗って、「支柱D」を接着します。
D部品には、あらかじめ図面のように4mmの穴を開けておきます。

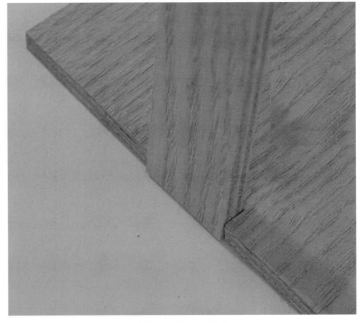

支柱をはめ込んで接着

枠は、図面どおりに「A部品」と「B部品」を接着剤で固定します。

「B部品」の中心には、あらかじめ4mmの穴を開けておきます。

■枠固定用のねじ金具

支柱に枠を固定するために、4mmのネジを立てた金具が必要になりますが、自作するのが難しい場合は、4mmのナットを写真のように「枠D」の中心に入れ接着します。

4mmのナットは、あらかじめ7mmのドリルで穴を開け、丸棒ヤスリでナットが入る径まで、広げます。

4mmのナットを入れる（接着する）

ファンを入れる前の本体

■ファンを枠に固定する

次に、ファン本体を枠に固定して、支柱にネジ止めします。

その際、ファンのコードを背面に出すために、写真のようにコードが通る程度の切り欠きを入れます。

入れる方法としては、薄いのこぎりで切れ目を入れて、最後はニッパーなどで切り取ります。

ファンのケーブを通すための切欠を入れる

■コネクタ基板結線図

最後に図のように結線した「コネクタ基板」を作り、本体の後ろに固定します。
ファンのON-OFFのためのスイッチも付けます。

扇風機背面

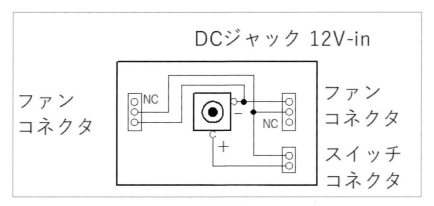

コネクタ基板

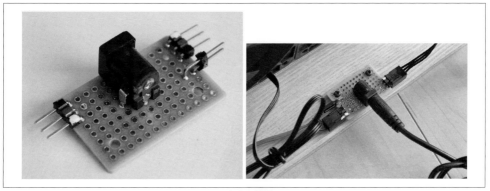

コネクタ基板

12V-1A ACアダプタ

　今回使用したファンは「DC12V」タイプなので、電源には、DC12V-1A程度のACアダプタを使います。
　また、2つに電流を流しても、500mA以下なので、1Aもあれば充分です。

■使用感

　完成した「DCファン扇風機」を使ってみると、さすがに専用の扇風機ほどの風力はありませんが、静かで心地の良い「そよ風」といった感じです。

　デスク上において使っても、書類を飛ばしたりするような心配はありません。
　また、120mmDCファンとは言っても、その種類は多いので、当然風力の強いものもあると思うので、「これだ」というDCファンをお好みで選択して作ってみてください。

2-3　　電子部品の「直列つなぎ」と「並列つなぎ」

　電子工作で使う電子部品にはいろいろなものがあります。
　それらの部品を直列につないだり、並列につないだりする場面も時にはあります。
　そんなとき、結果としてどのようになるのか、基本的なところを見ていきたいと思います。

■電池の「直列つなぎ」と「並列つなぎ」

　小学校の理科でも、「電池の直列つなぎと並列つなぎ」については学習します。

　たとえば、1.5Vの乾電池を直列つなぎにすると電圧は「2倍の3V」になり、並列つなぎの場合の電圧は、「変わらない」となります。

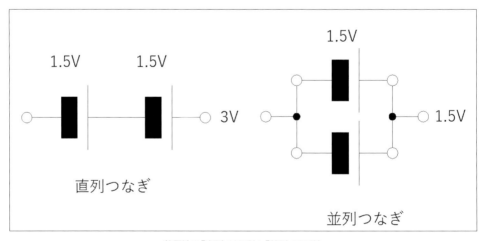

乾電池の「直列つなぎ」と「並列つなぎ」

　実際に、直列つなぎはよく行なわれており、そのための電池ホルダーも2本用(3V)、3本用、4本用などが売られています。

　しかし、「並列つなぎ」をするための電池ホルダーは、売られていません。
　やろうとした場合、1本用の電池ホルダーを複数用意して、自分で作ることになります。
　しかし、電池の「並列つなぎ」のメリットはあまりありません。

学校で習ったのは、1本のときよりも電池は「2倍長持ちする」ということです。

その他にも、理論的には「電流を2倍流すことができる」ということもありますが、もしそのようにしたいのであれば、単三電池を使うところを、単二電池とか、単一電池を1本で使った方が早いと思います。

そのような理由から、電池の並列つなぎが使われることはほとんどありません。
また、電圧の異なる電池を「直列つなぎ」した場合は、それぞれの電池の電圧の合計が実際の電圧になりますが、「並列つなぎ」の場合は、電圧の高い方から、電圧の低い方に電流が流れてしまうため、そもそもそのような使用はNGですので、やってはいけません。

■電子部品の「直列つなぎ」と「並列つなぎ」

今回は、いくつかの代表的な電子部品について、「直列つなぎ」と「並列つなぎ」の結果とそれが必要となる場面について見ていきます。

今回取り上げるのは、次の5つの部品です。
①抵抗
②コンデンサ
③コイル
④LED
⑤モータ

①抵抗

これは、もっとも簡単で、「直列つなぎ」と「並列つなぎ」のどちらも、ときどき用いられることがあります。

まず、結論としては、「直列つなぎ」は「各抵抗値の足し算」になります。
次の例では、理論上の合成抵抗値は、「4.7k+6.8k=11.5kΩ」となります。

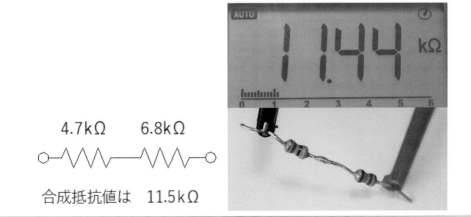

抵抗直列

抵抗をいくつも「直列」にする場合は、単に足し算をすればいいので、簡単です。

*

「並列」にした場合は、ちょっと複雑な計算式になります。

$$1/4.7k+1/6.8k=1/R \quad \therefore \quad R=(4.7k \times 6.8k)/(4.7k+6.8k)=2.78k\Omega$$

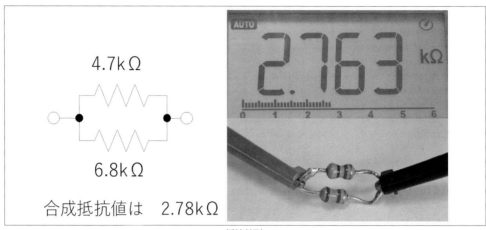

抵抗並列

「並列つなぎ」の計算では、抵抗値が異なると複雑ですが、抵抗値が同じ場合は、式からも分かるように、1本の抵抗値の半分になります。

「10kΩ」の抵抗を2本並列にすれば、「5kΩ」となります。

抵抗を購入するときに、抵抗にはワット数の表記があります。

「1/4W」とか「1/6W」とかです。

W数が大きいほど、流せる電流は多く取れます。

同じ抵抗値のものを並列に接続すると、W数を2倍にできるメリットがあります。

たとえば、「4Ω,1/4W」の抵抗を4本並列に接続することで、「1Ω1W」の抵抗として機能させることができます。

このような使い方は求める抵抗値やW数のものが見当たらないときに対応する方法として用いられます。

②コンデンサ

コンデンサも、抵抗と同様に複数のものを使うことで、異なる容量や耐圧を変えることができます。ただし、抵抗とは直列と並列の場合の合成静電容量が逆になります。

2つのコンデンサの容量が同じである場合、直列つなぎでは静電容量が半分になり、耐電圧は2倍になります。並列つなぎでは、静電容量が2倍になり耐圧は変わりません。

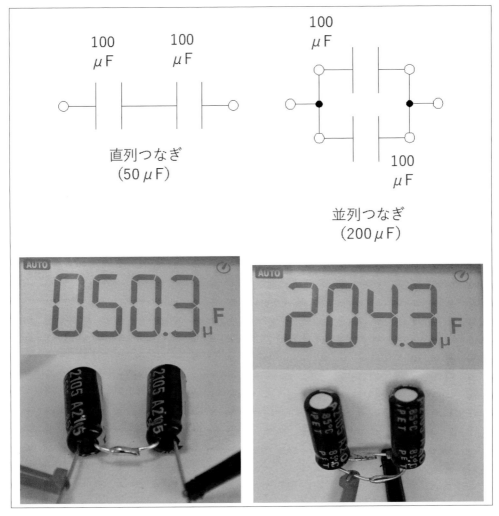

コンデンサ直列(左)とコンデンサ並列(右)

　このようにコンデンサでは、並列つなぎにすることで静電容量を上げることができる一方、並列つなぎでは、容量は半分になるものの耐圧を2倍にできるメリットがあります。

　一見、容量が半分になる「直列つなぎ」は意味がないと思われがちです。
　しかし、「電気二重層コンデンサ」などでは、10Fの大容量のものもありますが、耐圧が5V程度と低いものが多いです。

　そのため、静電容量を半分にしても、耐圧を上げるために直列つなぎにすることもあります。

③コイル

コイルの場合は、基本的に抵抗と同じです。

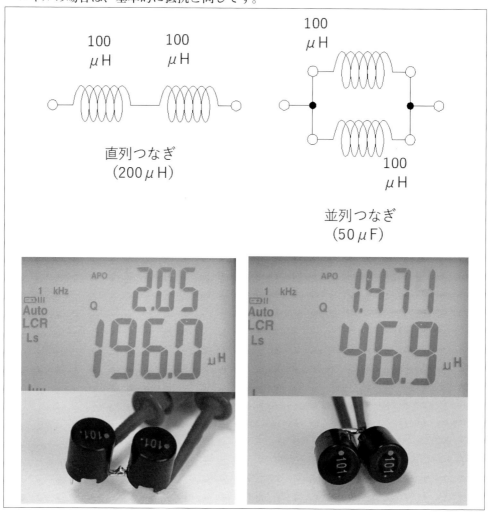

100
μH   100
μH

100
μH

直列つなぎ
（200μH）

並列つなぎ
（50μF）

コイル直列(左)とコイル並列(右)

「並列」にするとインダクタンスは半分になりますが、流せる電流は、抵抗のときと同様に2倍になります。

④LED

LEDの「直列接続」「並列接続」には、いくつか注意点があります。

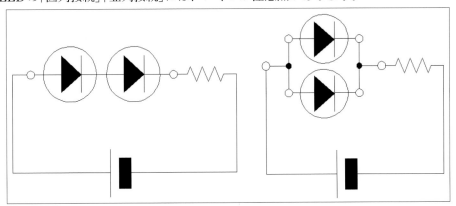

LEDの「直列つなぎ」(左)と「並列つなぎ」(右)

「直列つなぎ」は、実際に行なわれている例がたくさんあります。
たとえば、秋月電子で販売されている、「高輝度パワーLED」です。

1個のLEDの電圧が「3V」程度なので、直列にすることにより、「9V～10V」に対応します。
　もちろん、1個の定格3Vでもかろうじて光りますが、電圧が足りずに、発光しない場合もあるので、直列に接続した場合は、1個の定格電圧の直列個数倍の電圧をかける必要があります。

　その場合でも、電流制限用の抵抗は直列に入れる必要があります。

3個直列のパワーLED(秋月電子)

　一方で、「並列」にして接続する場合は、抵抗の接続に注意する必要があります。

　それは、単にLEDを並列に接続して、その先に抵抗を1個付けただけでは、思うような結果にならない場合もあるからです。
　実際に、上記の並列接続回路の抵抗値を「330Ω」で実験してみます。

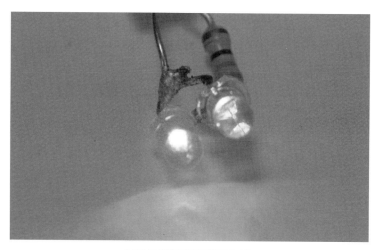

LEDの並列つなぎ (抵抗1本)

　すると、LED1個のときも2個のときでも、「330Ω」を流れる電流は同じなので、LEDの輝度が下がることは当然ですが、さらに、「2個のLEDの明るさのバランスが同じようにならない」ということが起きてます。

　このため、LEDを並列にして接続する場合は、次の回路のようにLEDそれぞれに抵抗を入れるようにします。

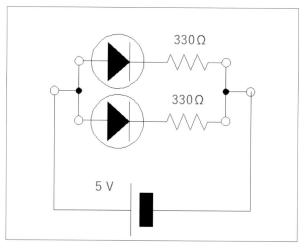

LEDの並列つなぎでは、LEDごとに抵抗を入れる

⑤モータ

　モータについては、「直列つなぎとか並列つなぎなんて、あるの?」と思われるかもしれませんが、たとえば、模型用のリモコン戦車などには、左右に同じモータが1つずつ付いています。

　これを同時にONしたときなどは、「モータの並列つなぎ」ということになります。

　そのため、一般的に、この「並列つなぎ」という場面がほとんどです。
　では、「モータの直列つなぎ」をするとどうなるのでしょうか。

　図で示すと、次のようになります。

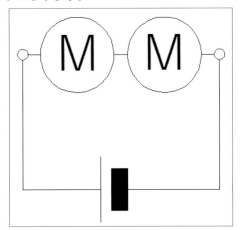

モータの直列つなぎ

　まず、まったく同じモータを2個接続して実験してみます。

モータの直列つなぎ

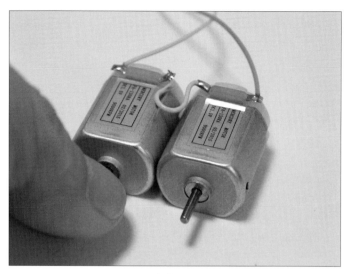

軸に負荷をかける

電池をつなぐと、当然と言えば当然ですが、2つのモータは普通に回り出します。
回っている状態で、どちらか一方のモータ軸を写真のように指でつまんでみます。

すると、もう一方のモータの回転が勢いを増すのが分かります。
指を離すと、少し時間をおいて、再び安定して両方のモータは同じような回転になり
ます。

さらに、今度は、異なる種類のモータを「直列つなぎ」をして実験してみます。

異なるモータを直列つなぎ

電池をつなぐと、最初は2つのモータとも回り出しますが、すぐに「大きなモータ」は
止まってしまい、「小さいモータ」だけが回り続けます。
これはどういうことなのでしょうか。

それは、モータが、「静的な抵抗」と「動的な抵抗」をもち合わせているからです。

「静的な抵抗」とは、文字どおり、モータが止まっているときの抵抗値です。
モータの静的な抵抗値は、かなり低いためテスターなどで正しく図ることは困難です。

「動的な抵抗値」は、モータが安定的に回転しているときの抵抗値です。
これは、モータにかけた電圧と流れている電流値が分かれば、「R=E/I」で求めること
ができます。

そして、この「静的な抵抗値」と「動的な抵抗値」は、相当な幅で変動するというのがモー
タの特徴です。
この特徴があるために、実験したような結果になったのです。

同じモータを2つ、「直列つなぎ」をしたときは、「静的な抵抗値」「動的な抵抗値」とも
に実際的にはほぼ同じであるため、モータの両端にかかる電圧は次の図のように同じにな
ります。

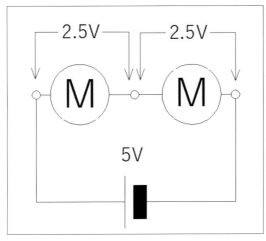

無負荷時

しかし、一方のモータ軸に負荷をかけると、負荷がかかったほうの内部抵抗は下がり
ます。

抵抗が下がるとモータの両端にかかる電圧は、「E=IR」であるため、下がってしまい
ます。
そうなると、たとえば次のような状態になります。

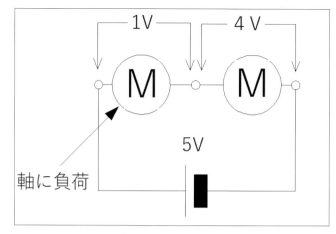

軸に負荷がかかった状態

　そのため、軸に負荷がかかっていない方のモータにかかる電圧は上昇するため、回転は勢いを増すことになります。

　また、異なる種類のモータを直列接続したときは、次の図のようになります。

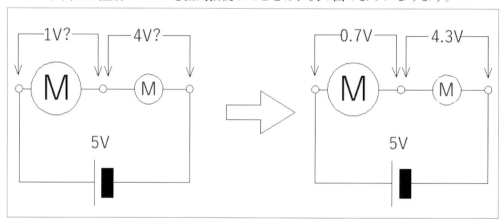

異なるモータの直列つなぎ

　もともと、大きなモータの方が、コイルに巻いている線の太さが太いと考えられ、それにより巻き数も少ないため、静的な内部抵抗値も小さくなります。

　そのため、電池をつないだ瞬間から、必然的に大きなモータには高い電圧はかかりません。

　電池をつないだ瞬間のモータ両端電圧は測定できませんでしたが、今回の実験では、「1V,4V」ぐらいの割合で電圧がかかっていたものと推測できます。

　そして、小さい方のモータが回り始めると、より内部抵抗が増すため、さらに小さいモータの方に電圧がかかり出します。

そのため、大きい方のモータには、電圧がかからなくなり、すぐに止まってしまったと考えられます。

小さい方のモータが安定して回転しだしたときの電圧は上記のように、4.3Vありました。

その結果、大きい方のモータには0.7V程度の電圧しかかからなくなってしまったということです。

この実験結果からも分かるように、内部抵抗の小さいハイパワーモータは、回り出すまでの立ち上がりで、モータにかかる電圧降下が大きいため立ち上がりの悪いものになるということです。そのため、「立ち上がりのいいモータを選ぶためには、より高い電圧で使えるモータがいい」ということになります。

ミニ四駆などに使う「FA130タイプのハイパワーモータ」の場合と比較すると、同じ電圧をかけた場合の回転数は低くなるので、より高い電圧をかけて駆動する必要があります。

最近の電気自動車のモータは積んでいるバッテリの電圧から推測すると300V以上のものであると思います。

そして、この実験から言えるのは、「モータを直列つなぎをして使うことは、ほとんどメリットがない」ということです。

第3章

「コントロール」する工作

この章では、「LED」や「メロディIC」「バッテリ充電」などをコントロールする工作を紹介します。

3-1　　PICを使った「RGB-LEDテープ」点灯

クリスマスの季節になると、個人の家庭でも家の周りや庭などに電飾をする人が増えてきました。

そのとき使われるのが、多数のLEDをテープ状に連ねた「テープLED」です。

今回は、秋月電子で「RGB-LED」が1mに60個付いたものを多色、多彩に点灯させるための実例を解説します。

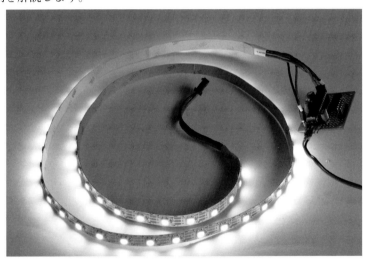

RGB-LEDテープ点灯例

■ RGB-LEDテープの特徴

今回使うLEDテープは、1mのテープに「RGBフルカラーLED」(SK6812)が60個付いたタイプのもので、「1350円」という安価で販売されています。

単純に1個当たりの「LED」(SK6812)の価格は、わずか「22.5円」ということになります。

このLEDは、1つ1つに「マイコン」が内蔵されており、メーカー指定のシリアルデータを送ることによって、理論上1677万色を表示することができます。

マイコンで制御しない限りまったく点灯させることはできません。

■ 点灯のための「シリアルデータ・フォーマット」

点灯させるためには、LED1個に付き、次のようなシリアルデータを送る必要があります。

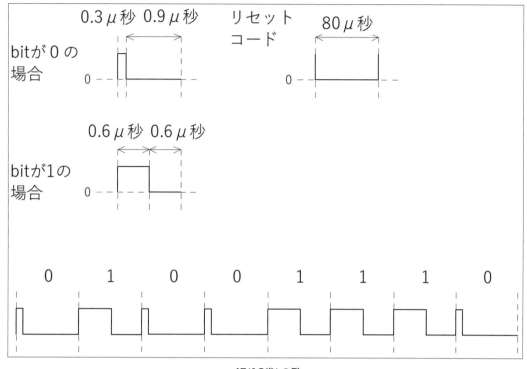

4E(16進)の例

1バイトのデータの意味は、RGBの各輝度レベルを00~FF(16進)で、「G,R,B」の順番で合計3バイト(24bit)送ります。

たとえば、LED1個目に「赤」(フル点灯)だけを点灯させるための色データを送るなら、「00,FF,00」のデータを送ります。

■使うPIC

このデータを作るためには、数多いPICのラインナップの中でも、高速なクロックが使えるものが必要です。

今回は、安価な「PIC18F23K22」(200円)を使うことにします。

このPICでは、内部オシレータ「64MHz」が設定できるため、1μSec以下の波形を作ることができます。

そのため、CCS-Cコンパイラにある1μSec未満の時間待ち関数「delay_cycles()」を使います。

実際に()の中に指定している値は、オシロスコープで波形を確認しメーカー指定のフォー

マットに近い波形になるように設定しているので、理論値に近い波形になるようにし、動作に問題ない範囲に設定しています。

完成した回路基板

■ 点灯回路図

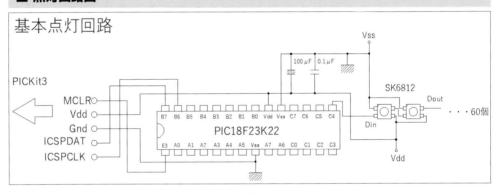

基本点灯回路

「RGB-LEDテープ」の主な部品表

部品名	型番	秋月通販コード	必要数	単価	金額	購入店
PICマイコン	PIC18F26K22	I-04430	1	200	200	秋月電子
ICソケット(28PIN)	300mil	P-01339	1	70	70	〃
マイコン内蔵フルカラーテープLED	IP20	M-12982	1	1350	1350	〃
0.1μF積層セラミックコンデンサ		P-00090	1	10	10	〃
100μF電解コンデンサ 16V		P-10271	1	10	10	〃
両面スルーホール基板	47mm×36mm	P-12171	1	40	40	〃
5V-3A ACアダプタ	AD-D50P300など	M-08311	1	700	700	〃
				合計金額	2,380円	

　回路はいたって簡単で、基本的に「1ポート」で済むので、ピン数の少ないPICでも「64MHzクロック」が設定できるものであればOKです。

　今回は、「C4ポート」を使いましたが、出力のできるポートならば、どれでも構いません。
　また、テープは数珠つなぎにして接続できるので、1m以上のテープに延長することも簡単にできます。

　さらに、それぞれのLEDはデータを受け取るとそのまま光り続けるので、異なるポートに別のテープを付けて、異なるデータパターンで複数のテープを点灯させることも容易にできます。

　回路基板とLEDテープの接続は、写真のように、黒い線がマイナス、赤い線が+5V、緑の線がシリアル信号を送る線になります。

　テープの両側に端子がありますが、テープをチェーン接続する場合のためのものなので、どちらの線でも色が同じならば接続に差し支えはありません。

　また、最大60個ものLEDがフル点灯すると、流れる電流もかなり大きくなりますので、駆動用の電源(5VのACアダプタ)容量は、2A～3A程度の余裕のあるものを使ってください。

　当然のことですが、「PICkit3」などのwriterから電源を供給するには無理があるので、点灯実験をする際は、「PICkit3」から回路基板を外して、余裕のある電源をつないで行なってください。

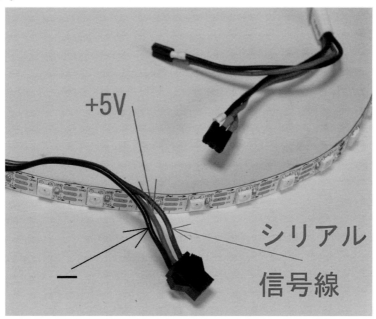

+5V端子,マイナス端子、信号線

■ 点灯パターン

60個あるLEDを個別にコントロールできるのはすごいことですが、逆に言うと、どんなパターンで点灯させるかはすべてプログラムで記述しなくてはいけません。

もちろん、点灯パターンは無数にあるので、それらをすべては紹介できませんし、決まった記述方法があらかじめ用意されているものでもないので、どんなパターンで点灯させたいかを決めたら、あとは、それをプログラムして実行することになります。

それでは、思いつくままに、基本的?と思われる点灯パターンのプログラムを9つ紹介します。

プログラムは、「**********↓」の行で囲まれた部分以外は共通なので、点灯させたいパターンの部分だけを記述していきます。

● プログラム共通部分

```
// PIC18F23K22 RGB-LEDテープ 点灯 Prgram
// Test Programmed by Mintaro Kanda
//    2021/10/16(Sat))
//   CCS-Cコンパイラ専用
//-----------------------------------------------------------------
#include <18f23K22.h>
#fuses INTRC_IO,NOWDT,NOPROTECT,NOMCLR
#use delay (clock=64000000)
#use fast_io(a)
#use fast_io(b)
#use fast_io(c)
#use fast_io(e)
void bit(int data)
{
    int a=0x80;
    while(a!=0){
        if(data & a){
            output_high(PIN_C4);
            delay_cycles(8);
            output_low(PIN_C4);
        }
        else{
            output_high(PIN_C4);
            delay_cycles(4);
            output_low(PIN_C4);
            delay_cycles(3);
        }
        a>>=1;
    }
}
void reset(void)
```

```
{
    output_low(PIN_C4);
    delay_us(80);
}
void color(int col)
{
    switch(col){
        case 0:bit(0x0);bit(0x0);bit(0x0);// 黒 ( 点灯させない )
                break;
        case 1:bit(0x0);bit(0x30);bit(0x0);// 赤 R
                break;
        case 2:bit(0x40);bit(0x0);bit(0x0);// 緑 G
                break;
        case 3:bit(0x0);bit(0x0);bit(0x60);// 青 B
                break;
        case 4:bit(0x50);bit(0x40);bit(0x0);// 黄色
                break;
        case 5:bit(0x0);bit(0x30);bit(0x30);// 紫色
                break;
        case 6:bit(0x40);bit(0x0);bit(0x40);// 水色
                break;
        case 7:bit(0x20);bit(0x80);bit(0x0);// オレンジ
                break;
        case 8:bit(0x90);bit(0x90);bit(0x90);// 白
                break;
        case 9: bit(0x10);bit(0x10);bit(10);// 灰色 ( 低輝度白 )
                break;
        case 10: bit(0x5);bit(0x5);bit(0x5);// 暗い灰色 ( 超低輝度白 )
    }
}
void main()
  {
    int i,j,k,kk;
    int col;
    int bin[3];
    signed n; // n を signed にしているのは、⑨の for(n=59;n>=0;n--) を正しく動
作させるため
    set_tris_a(0x0);
    set_tris_b(0x0);//全ポート出力設定
    set_tris_c(0x0);//全ポート出力設定
    setup_oscillator(OSC_64MHZ);
    setup_adc_ports(NO_ANALOGS);//全ポートデジタル設定
    reset();
    //******************************************************* ↓
    //  (1) (2)(3)(4)・・・(9) 部分のプログラムが入る
    //******************************************************* ↑
}
```

以下のプログラムが、それぞれの点灯パターンごとの、異なるプログラムになります。

①60個の点すべてが同色点灯（1秒後に次の色に変化）

同色点灯の色は「赤、緑、青、黄色、紫、水色、オレンジ、白、灰色」の順に変化します。

```
//(1)60個の点すべてが同色点灯
while(1){
    for(col=0;col<9;col++){
        for(k=0;k<60;k++){//LEDが60個あるので、60
            color(col+1);
        }
        delay_ms(1000);  //  1秒待ち
    }
     reset();
 }
```

②単色グラデーション

テープに使われているLEDは、「R,G,B」の各色の輝度レベルを指定して点灯させますので、次のように書けば、徐々に明るく点灯したり、徐々に暗くしたりすることができます。

```
//(2)単色グラデーション
while(1){
      for(i=0;i<255;i++){//徐々に明るくなる
       for(k=0;k<60;k++){
            //bit(i);bit(0);bit(0); // 緑
            //bit(0);bit(i);bit(0); // 赤
            bit(0); bit(0); bit(i);// 青
       }
       delay_ms(10);//グラデーション変化のスピード　小さくすると速くなる
     }
     reset();
    for(i=255;i>0;i--){//徐々に暗くなる
       for(k=0;k<60;k++){
            //bit(i);bit(0);bit(0); // 緑
            //bit(0);bit(i);bit(0); // 赤
            bit(0); bit(0); bit(i);// 青
       }
       delay_ms(10);//グラデーション変化のスピード　小さくすると速くなる
    }
    reset();
  }
```

③単色のグラデーションで順次色が変化する

このグラデーションを使って色を変えていくには、「単純7色」の場合、次のようになります。

```
//(3)単色グラデーション 7色変化
while(1){
  for(k=1;k<8;k++){
    kk=k;
    for(j=0;j<3;j++){
      bin[j]=kk&1;
      kk>>=1;
    }
    for(j=0;j<255;j++){
      for(i=0;i<60;i++){
        bit(bin[0]*j);bit(bin[1]*j);bit(bin[2]*j);
      }
      delay_ms(20);//値20はグラデーション変化のスピード　大きくすると遅
くなる
    }
    reset();
  }
}
```

④LED6個が同色で、10色点灯（変化なし）

各色の輝度レベルは、「color( )」関数内で定義しているレベルになります。

```
//(4)LED6個が同色で、10色点灯(変化なし)
  //点灯時の輝度レベルは、color関数内で定義している
  while(1){
  for(col=0;col<10;col++){
    for(k=0;k<6;k++){//LED6個を同色とするので 6
      color(col+1);
    }
  }
  reset();
}
```

⑤6個のLEDが単色で点灯して、流れるように動く（順次色が変化）

```
//  (5)6個のLEDが単色で点灯して、流れるようにして動く(10回単色で流れると次の色に)
  while(1){
     for(col=0;col<10;col++){
      for(n=0;n<10;n++){
        for(i=0;i<60;i++){
          if((i/6)==n){//LED6個を同色とするので 6
            color(col+1);
          }
          else{
            color(0);
          }
        }
      delay_ms(100);//100の値を小さくすると、動きが速くなる
      }
      reset();
    }
  }
```

⑥6個のLEDが単色で点灯して、流れるように色が変化して動く

```
  while(1){
    for(col=0;col<10;col++){
     for(i=0;i<60;i++){
         if((i/6)==col){//LED6個を同色とするので 6
           color(col+1);
         }
         else{
           color(0);
         }
     }
     delay_ms(100);//100の値を小さくすると、動きが速くなる
     reset();
    }
  }
```

⑦単色で、点灯する個数が増えていく（増加数6個ずつ）

```
//(7) 単色で、点灯する個数が増えていく(増加数6個ずつ増加))
  while(1){
    for(col=0;col<10;col++){
     for(n=0;n<10;n++){
       for(i=0;i<60;i++){
         if((i/6)<=n){//LED6個を同色とするので 6
           color(col+1);
         }
         else{
           color(0);
         }
       }
      delay_ms(100);//100の値を小さくすると、動きが速くなる
     }
     delay_ms(800);//LED点灯が伸びきってからの待ち時間
     reset();
    }
  }
```

⑧単色で、点灯する個数が増えていく（増加数1個ずつ）

```
//(8) 単色で、点灯する個数が増えていく(増加数1個ずつ増加))
  while(1){
    for(col=0;col<10;col++){
     for(n=0;n<60;n++){
       for(i=0;i<60;i++){
         if(i<=n){
           color(col+1);
         }
         else{
           color(0);
         }
       }
      delay_ms(10);//10の値を大きくすると、動きが遅くなる
     }
     delay_ms(800);//LED点灯が伸びきってからの待ち時間
     reset();
    }
  }
```

⑨単色で、点灯する個数が減っていく（減少数１個ずつ）

```
//(9)単色で、点灯する個数が減っていく(減少数1個ずつ))
  while(1){
    for(col=0;col<10;col++){
     for(n=59;n>=0;n--){
       for(i=0;i<60;i++){
         if(i<=n){
           color(col+1);
         }
         else{
           color(0);
         }
       }
     delay_ms(20);//10の値を大きくすると、動きが遅くなる
     }
     delay_ms(800);//LED点灯が伸びきってからの待ち時間
     reset();
    }
  }
```

■ その他の点灯パターンをプログラムする

　以上に取り上げた以外にも、いろいろな点灯パターンが考えられると思います。

　今回紹介したプログラムを参考にして、皆さんも、独自の点灯パターンプログラム作りに挑戦して、コロナ終息後のクリスマスを大いに盛り上げてみてください。

3-2 25曲内蔵メロディIC「HK326-2」を使った演奏

　秋月電子で、25曲のクリスマスソングを内蔵したメロディIC「HK326」が170円という安価で販売されています。

　25曲というのは、「メロディIC」にしては多いですが、残念なことに、このIC単体では、任意の1曲を選択してダイレクトに演奏させることができません。

　そこで、マイコンを使って、簡単に任意の1曲を選択して演奏できるようにしてみました。

完成した電子オルゴール

■ メロディIC「HK326-2」

　秋月電子では、この「メロディIC」と「ブレッドボード」を使ったキットも、900円で販売されています。

　もちろん、動作はメーカー仕様の標準的なものとなっています。

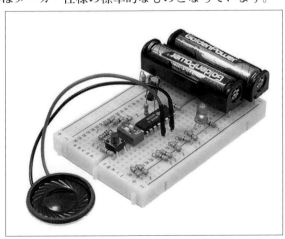

ブレッドボードキット（秋月電子）

　そして、このICには下記のような25曲のクリスマスソングがあらかじめ内蔵されています。

---

1. JINGLE BELLS ジングルベル
2. SILENT NIGHT きよしこの夜
3. WE WISH YOU A MERRY CHRISTMAS おめでとうメリークリスマス
4. SANTA CLAUS IS COMING TO TOWN サンタが街にやってくる
5. HARK! THE HERALD ANGELS SING　天には栄え
6. ANGELS WE HAVE HEARD ON HIGH　荒野の果てに
7. JOY TO THE WORLD　もろびとこぞりて
8. O CHRISTMAS TREE　もみの木
9. THE FIRST NOEL　牧人 羊を
10. DECK THE HALLS　ヒイラギかざろう
11. RUDOLPH THE RED NOSE REINDEER　赤鼻のトナカイ
12. O COME,ALL YE FAITHFUL　神の御子は今宵しも
13. FROSTY THE SNOWMAN　温かい雪だるま
14. WHITE CHRISTMAS　ホワイトクリスマス
15. THE LITTLE DRUMMER BOY　リトル・ドラマーボーイ
16. THE TWELVE DAYS OF CHRISTMAS　クリスマスの12日間
17. O LITTLE TOWN OF BETHLEHEM　ああベツレヘムよ
18. HERE COMES SANTA CLAUS サンタクロースがやってくる
19. WE THREE KINGS　われらはきたりぬ
20. SILVER BELL　シルバー・ベル
21. WINTER WONDER LAND　ウィンターワンダーランド
22. I SAW THE THREE SHIPS　三隻の船
23. IT CAME UPON THE MIDNIGHT CLEAR　天なる神にはみ栄えあれ
24. I HEARD THE BELLS ON X'MAS DAY　クリスマスの鐘 ... 人に友愛あれ
25. GOD REST HE MERRY GENTLEMEN　神が歓びをくださるように

　私は、数曲しか知りませんでしたが、クリスマスにまつわる曲がこんなにたくさんあるとは驚きでした。

　その25曲をどのように鳴らせるのかは、「TRRIGGER MODE OPTION」の設定によって、次の3つのパターンで可能です。

「TRRIGGER MODE OPTION」の設定

	Trigger Mode	MODE(5番ピン)	SL(6番ピン)
①	One shot re-trigger(順送り選択演奏)	0	1
②	One shot Non re-trigger (順送り選択演奏で途中停止不可)	1	0
③	Play all song(全曲順次連続演奏)	0	0

HK-326-2(秋月電子)

　「HK326」の「5番ピン」と「6番ピン」の設定を変えて、「TG(トリガー)7番ピン」を「Gnd に接続する」(タクトスイッチを押す)ことで、それぞれのモードで演奏を開始します。

　しかし、全曲メドレーで演奏する「Play all song」モードは良いとしても、25曲から 選択演奏をしたい場合は、TGに接続したタクトスイッチを目的の曲番目まで連打しな ければなりません。
　25曲ともなると、これはかなり面倒です。

　たとえば、18番目にある「サンタクロースがやってくる」がお気に入りだから何回も 繰り返して聞きたいとしても、それはとても大変、というかもはや「できない!」のレベ ルです。

　このIC単体でそれを解決する手法がないものかと探してみましたが、ありませんで した。

■ マイコンを使って任意の曲を一発で再生する

　そこで、マイコンを使って任意の曲を一発で選曲して演奏する回路を作ることにしま した。

　選曲はボリュームを回すことで2桁の7セグメントLEDに曲番を表示させて、演奏ス タートボタンを押すだけです。

　曲の途中で止めることもできるし、もう一度押せば、LEDに表示させた曲番を何度 でも一発演奏させることができます。
　実際に使ってみると、ストレスなく快適です。

　大まかな仕組みは至って簡単で、「人の手でTGボタンを曲番までの回数連打するこ とを、マイコンで高速に行なう」というものです。
　マイコン連打の時間は、1パルス「24mSec」(1秒間に約40回)なので、人の手では不 可能なレベルに高速で、しかも正確です。

このように書くと、「なんだ、ずいぶん原始的な方法だな」と思われるかもしれませんが、これだけでは、うまく動作させることができなかったのです。

この方法では、スイッチを入れて1回目はうまくいくのですが、任意に選択した曲が終了してから、もう一度「TG」を入れても、同じ曲を演奏してはくれませんでした。

たとえば、「3曲目」を選んで演奏して、その曲が終了して、もう一度「TG」を入れると、次は「6曲目」が演奏されてしまいます。
この「メロディIC」の機能上は、当然そうなるしかないのです。

これでは、あまりにも使い勝手が悪いですが、これを解決するのがかなり難しく、どのような方法で解決するかを考えるのに相当な時間を取られました。

そうして思いついたのが、「マイコン側からHK326の電源を切ることで、リセットをかけよう」ということでした。なんとも、荒っぽい手法です。

これでうまくいくかと思いましたが、結果は、完全ではありませんでした。
と、いうのは、「HK326」は、電源を切っても(おそらくある一定の時間)選択モードで演奏した曲順を記憶しているようなのです。

そのため、電源を切って入れなおしても、曲番はリセットされずに、こちらが意図したような曲番での演奏はしてくれませんでした。

これを解決するのは、かなり大変でした。
「電源を切ってもリセットされず、もはや、これまでか…」とまで思いました。

そこから、さらに時間をかけて、いろいろな方法を試みて、①電源を切り、さらに②MODEをいったん変えてやることで、リセットされることが分かりました。
これによって、ようやく任意の曲をダイレクト演奏することができました。

■ 回路図

電源は、3.3Vで駆動できるので、「単三(または単四)電池」を2本、使うことにしました。

ただし新品の電池ならば問題ないのですが、電池は当然使えば減ってきます。
今回の回路では、電源電圧が2.4Vを下回ると選曲機能が正常に動作しません。(演奏はできます)つまり、電池1本の電圧が1.2Vを下回るとNGということです。

1.2Vは電池としては使用限界レベルですが、この解決策としては、「HK326」や「PIC16F1827」にかけられる最大電圧が5V程度なので、電池を3本にして4.5V駆動するということでもOKです。

　電池を増やしたくない場合は、逆に電池を1本にして「昇圧回路」を使うこともできます。昇圧回路には「HT7733A」を使います。

　この場合、昇圧をかけると当然電流はそれなりに流れるので、単三アルカリ電池を使うことをお勧めします。
　最高音量で演奏中は、瞬間的には約180mAほどの電流が流れます。

　この昇圧回路を使えば電池の電圧が1Vぐらいでも正常な動作をさせることができます。以下に、昇圧回路図を示します。

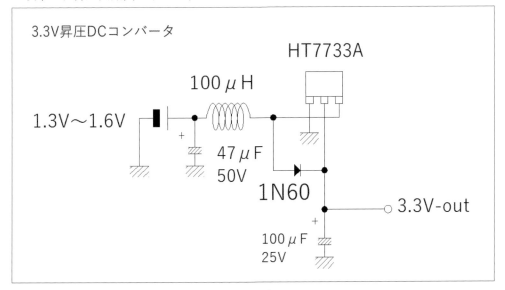

昇圧の回路図

昇圧回路を使って、電池1本駆動も可能

以下に、メイン回路図を示します。

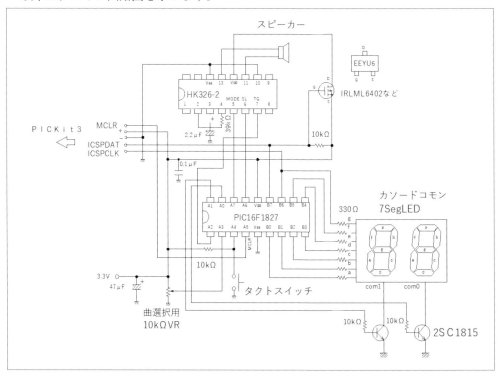

HK326-2を使った電子オルゴールの回路図

「HK326」の電源をマイコンからON-OFFするという回路は、「Pch-FET」1個でドライブしています。

使った「IRLML6402TRPBF」はチップタイプなので、扱いづらい場合は、「2SJ681」などでもいいでしょう。

最初はNPNの「2SA950トランジスタ」でやってみましたが、FETの方が電池の電圧降下に対する動作がよかったのでFETドライブに変えました。

曲の選択は、「PIC16F1827」のADコンバータ端子に付けた10KΩのボリュームで行ないます。

通常、任意の数値設定には「DIPスイッチ」などを使いますが、今回は「1〜25」までの数値選択を行なう必要があるため、DIPロータリースイッチでは数が足りません。

また、マイコンのポートも限られるため、多くのポートを使うDIPスイッチでは対応できません。

そこで、1ポートで設定可能な「ボリューム」を使うことにしました。

この方法はなかなか便利なもので、ある程度の数(選択数値)まで対応できます。

「7セグメントLED」を使う必要があるので、作るのは少々面倒ですが、使い勝手はとても良いものになります。

他のシステムでも応用できるので、習得しておくとよいでしょう。

プログラムの最後の方に、

```
va=read_adc()/10.5+1;//設定する数値が1-25になるように設定
```

という記述があります。

これは、「va」には「0～255」までの値がボリュームの位置によって設定されるので、今回のように「1～25」までの値がほしいときは、「10」で割り算した整数部分をとればだいたいうまくいくことが分かります。

しかし、「255」を「10」で割って「25」はいいですが、「va」が「0」の場合は「0」のままです。

そこで、「1」を加えますが、そうすると「25+1」は「26」になってしまうので、さらに「10.5」で割ります。

「11」で割ると、「23」になってしまい、「1」を足しても「24」にしかならず、使えません。

「HK326」のマニュアルでは、スピーカー接続端子はスピーカーと直列に「50kΩ VR」という設定がありますが、実際「5kΩ」に下げて付けてみても、あまり意味のある調整はできなかったので、回路図では省略しました。

付ける場合は「1kΩ」程度でいいでしょう。

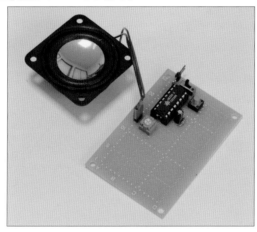

HK326-2単独回路基板

マイコンを付加した回路基板

「HK326-2を使った電子オルゴール」の主な部品表

部品名	型番	秋月通販コード	必要数	単価	金額	購入店
電子メロディIC	HK326-2	I-15486	1	170	170	秋月電子
PICマイコン	PIC16F1827	I-04430	1	190	190	〃
Pch　FET	IRLML6402TRPBFなど	I-02553	1	25	25	〃
NPNトランジスタ	2SC1815	I-06475	2	5	10	〃
小型7セグメントLED（カソードコモン）	OSL10321-LR	I-12286	2	50	100	〃
16PIN 丸ピンICソケット		P-00029	1	30	30	〃
18PIN 丸ピンICソケット		P-00030	1	40	40	〃
0.1μF積層セラミックコンデンサ		P-00090	1	10	10	〃
電解コンデンサ	2.2μF-16V	P-03171	1	10	10	〃
〃	47μF-16V	P-10270	1	10	10	〃
1/6W抵抗	330Ω	R-16331	7	1	7	〃
1/6W抵抗	39kΩ	R-16393	1	1	1	〃
1/6W抵抗	10kΩ	R-16103	4	1	4	〃
タクトスイッチ		P-03646	1	10	10	〃
スピーカー	Φ56mm	P-05411	1	100	100	〃
基板取付用ボリューム	10kΩB型	P-14827	1	60	60	〃
電池ボックス	単三2本用	P-04325	1	35	35	〃
片面ユニバーサル基板	47mm×72mm	P-03229	1	60	60	〃

※昇圧回路部分のパーツは含みません

合計金額	872 円

■ 制御プログラム

　今回使ったコンパイラは「CCS-C」ですが、プログラムに特殊な関数などは使っていないため、XCなどへの移植は容易だと思います。

　TG端子に曲選択のためのパルスを送るためのパルス幅は「24mSec」としていますが、これより小さくしていくと、「20mSec」を下回る辺りから、正しい選択ができなくなるようなので、「24mSec」ぐらいにしておくのが無難かと思います。

```
//------------------------------------------------
// CCS-C　HK326-2　メロディIC選曲プログラム
//　programmed by mintaro kanda
//　2021-12-25(Sat)　クリスマス　for CCS-Cコンパイラ
//　PIC16F1827 Clock 8MHz
//------------------------------------------------
#include <16F1827.h>
#define MODE 0x44
//○●○○、○●○○(0x44)1曲ずつ順次演奏(TGで次の曲)
//●○○○、○●○○(0x84)1曲ずつ順次演奏(TGでストップしない)
//○○○○、○●○○(0x04)Power ON/OFF　TGで25曲連続演奏
//●●○○、○●○○(0xc4)25曲連続演奏　曲のストップ・スタート

#fuses INTRC_IO,NOMCLR
#use delay (clock=8000000)
#use fast_io(A)
#use fast_io(B)
int keta[]={0,0};

void disp(int cnt)
{//7セグメント表示ルーチン
    int i,scan,data;
    int seg[11]={0x3f,0x06,0x5b,0x4f,0x66,0x6d,0x7d,0x07,0x7f,0x6f,0};
    scan = 0x1;
    keta[1]=cnt/10;
    keta[0]=cnt%10;//表示用桁配列に値を入れる
    for(i=0;i<2;i++){
        if(i==1 && keta[1]==0){
            output_b(seg[10]);
            continue;//ゼロサプレス
        }
        //7seg
        data=seg[keta[i]];
        output_a(scan+MODE);
        output_b(data);
        delay_ms(1);
        scan<<=1;
    }
    output_low(PIN_A0);
    output_low(PIN_A1);
    delay_us(500);
```

```
}
void reset()//HK326を初期化
{

        output_a(0x04);//または0xC4
        delay_ms(24);
        output_a(0x0);
        delay_ms(24);
        output_high(PIN_B7);//HK326の電源供給OFFでリセット
        delay_ms(1);
        output_low(PIN_B7);//HK326の電源供給ON
}
void select(int n)//曲順を選択
{
    int i;
    reset();//HK326-2リセット
    output_a(MODE);
    for(i=0;i<n;i++){//1?25曲目を指定
        output_low(PIN_A2);//TG->Gnd
        delay_ms(24);
        output_high(PIN_A2);//TG->Vdd
        delay_ms(24);
    }
}
void main()
 {
  int va;
  set_tris_a(0x38);  //a3,a4,a5ピンを入力に設定
  set_tris_b(0x0);  //b0-b7ピンすべてを出力に設定
  setup_oscillator(OSC_8MHZ);//内蔵のオシレータの周波数を8MHzに設定
  //アナログ入力設定
   setup_adc_ports(sAN3);//AN3のみアナログ入力に指定
   setup_adc(ADC_CLOCK_DIV_32);//ADCのクロックを1/32分周に設定

   while(1){
     while(input(PIN_A4)){
        set_adc_channel(3);//VRの値を読む
        delay_us(30);
        va=read_adc()/10.5+1;//設定する数値が1-25になるように設定
        disp(va);
     }
     select(va);
   }
}
```

■使い方

使い方は、いたって簡単です。

「ボリューム」を動かして任意の曲の番号を設定して、「タクトスイッチ」を押すだけです。

曲の演奏途中でも、もう一度スイッチを押すと選択されている曲を最初から演奏します。

曲が終わってからでも、もう一度スイッチを押すと、同様に選択されている曲の最初から演奏が行なわれます。

曲演奏の途中でボリュームを回しても、演奏曲目が変わることはありませんが、もう一度「タクトスイッチ」を押すと、表示されている曲番が演奏されます。

■スピーカーを「箱」に入れる

いつものことですが、スピーカーは単体で鳴らしたときと、きちんと箱に入れた場合では、まったく音の質が違います。

今回も、次のように、スピーカー用の箱を作って実装してみました。
とてもいい音色で聞くことができます。

スピーカー用の箱

「HK326-2」は170円という安価で25種類もの曲が内蔵されているのはすごいことです。
ただし、残念だったのは「各曲とも結構短い」ということです。しかしそれは価格からは許容しなくてはいけないかもしれません。

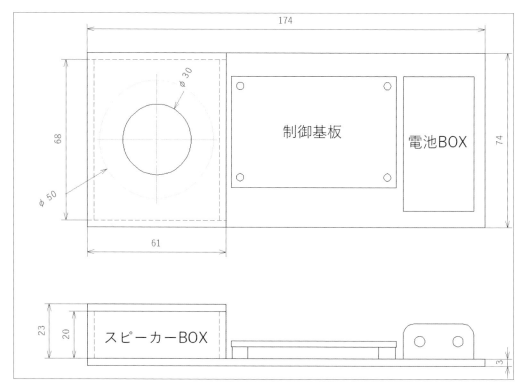

実装用ベース板（スピーカーBOX）

※上記図面では、スピーカーのサイズを50mmのもので作っているので、使うスピーカーのサイズによって、BOXの大きさは変更してください。

3-3　バッテリ充電制御回路によるソーラー発電システム

東日本大震災から10年以上が経過し、再生可能エネルギーの普及もかなり進みました。

中でもソーラー発電は、小規模ならば個人でも安価に製作が可能です。
震災直後には、I/O誌で簡易的な12Wのソーラー発電システムの記事を書きました。

その際の最初のソーラーシステムでは、ソーラーパネルとバッテリ、使用する12V
の負荷(LED照明など)を並列につないだだけの極めて単純なものでした。

今回は、そのときの簡易システムに少し手を加えて、バッテリへの充電制御をおこな
うものに改良してみました。

完成した改良型ソーラー発電・充電制御システム

■ 当時の簡易ソーラーシステム

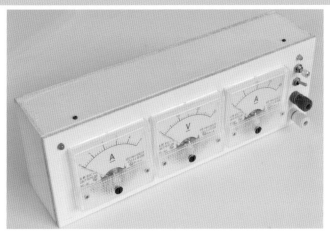

10年前に作った簡易ソーラー充電システム

当時発表したのは、次のような簡単な回路によるものでした。

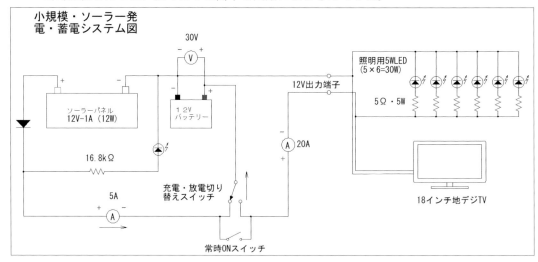

簡易ソーラー充電システムの回路図

この回路では、ソーラーパネルで発電した電気は、12Vの鉛バッテリに流れて充電されると同時に、LEDや12Vのテレビなどを利用することができました。

日が陰って発電が止まっても、バッテリから電力は供給されるため、バッテリの容量がある間は、引き続き電力を使うことができます。

この簡易的なシステムでも、大きな不都合がなく使うことができました。
今回は、このシステムを少し発展させて、充電制限をかけるものにして、バッテリへ過充電を防止するものにしてみます。

■ バッテリ充電制限

「ソーラー発電」によるバッテリの充電は、広く行なわれています。
しかし、バッテリが満タンになった状態でバッテリに電力を流し続けると過充電状態になってしまいます
バッテリの種類によっては、だめになってしまうものも珍しくありません。

そこで、今回のシステムでは、バッテリへの充電制限を行なうための機能改良を加えてみました。

充電制限は、バッテリの端子電圧を読み、任意に設定した充電制限電圧を超えた場合は充電を止めるというものです。
充電は、「プログラム上に定義した電圧」(va2)以下になった場合に再開されます。

■ 回路図

以下に回路図を示します。

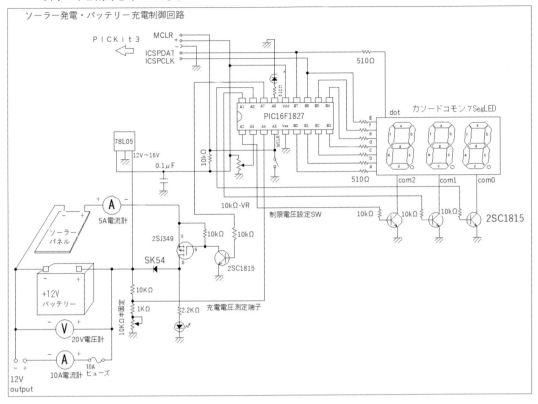

充電制限の回路図

　回路図には、「充電電流計」「バッテリ端子電圧計」「負荷電流計」の3つのアナログメーターが入れられていますが、不要の場合は省略することができます。

　アナログメーターを省略しても、「3桁の7セグメントLED表示」によって、バッテリ端子電圧はモニターできます。
　充電制限電圧の設定は、アナログの「VR」によって簡単に設定することができます。

　ソーラーパネルの出力電圧は12Vバッテリに接続することを想定した解放電圧が20V前後の出力電圧のものを想定しています。

　回路基板が完成したら、12Vバッテリの端子にバッテリまたは、実験用の電源器を接続して、「7セグLED」の表示が実際の電圧と同じ（デジタルテスターでチェック）になるように、10kΩの半固定抵抗を調整します。
　このとき、スライド（トグル）スイッチは、グランド側から解放した状態にします。

　次に、スイッチを逆側にして、LEDを点滅状態にして、VRを動かして設定電圧を決めます。

裏側　　　　表側

マイコン制御回路基板

FET基板

FET基板とマイコン制御基板接続

　今回は、回路図にあるように、アナログの①充電電流計(5A計)、②バッテリ電圧計(20V計)、③負荷電流計(10A計)を付けていますが、取付は必須ではありません。

　しかし、あった方が発電状況などを確認するのに役立つので、お金に余裕がある場合は付けた方が良いでしょう。
　アナログのメーターの価格は、秋月電子の場合は、1個いずれも1000円です。(10A計は、秋月電子では扱いがありません)

「ソーラー発電・バッテリ充電制御回路」の主な部品表

部品名	型番	秋月通販コード	必要数	単価	金額	購入店
PICマイコン	PIC16F1827	I-04430	1	190	190	秋月電子
ICソケット(18PIN)	2227MC-18-03	P-00030	1	40	40	〃
NPNトランジスタ	2SC1815	I-06734	4	5	20	〃
Pch FET	2SJ349	I-02413	1	100	100	〃
ショットキーバリアダイオード	SK54	I-04128	1	20	20	〃
5Vレギュレータ	TA78L05S	I-08973	1	20	20	〃
3桁カソードコモン7セグメント　LED　赤	OSL30391-LRA	I-14729	1	80	80	〃
3mm緑LED	OSG5TA3Z74A	I-11635	1	20	20	〃
3mm赤LED	OSR5JA3Z74A	I-11577	1	10	10	〃
積層セラミックコンデンサ	0.1μF	P-08133	7	10	70	〃
1/6W　抵抗	10KΩ	R-16103	7	1	7	〃
1/6W　抵抗	510Ω	R-16511	9	1	9	〃
1/6W　抵抗	2.2kΩ	R-16222	1	1	1	〃
1/6W　抵抗	1kΩ	R-16102	1	1	1	〃
ボリューム	10kΩ-B型	P-15813	1	40	40	〃
10k半固定抵抗	GF063P B103K	P-14905	1	30	30	〃
ツマミ	ABS-28	P-00253	1	20	20	〃
スライドスイッチ	SS-12D00-G5	P-08790	1	20	20	〃
両面スルーホール基板47mm×36mm		P-12171	2	40	80	〃

※ソーラーパネル、バッテリ、アナログメーターヒューズは含みません　　合計金額　778 円

■ 制御プログラム

次に、「制御プログラム」(CCS-Cコンパイラ用)を示します。

なお、注意点として、「PIC」のA5端子は「MCLR」ですが、設定電圧とバッテリ端子電圧モニタの切り替えスイッチが接続されているので、プログラムを書き込みのときは、必ずスイッチをグランドから解放位置側にして行ないます。

そうしないと、プログラムの書き込みができません。

また、「va0」「va1」「va2」などの電圧設定関連の変数の値は、いずれも、実際の電圧設定の10倍で設定しているので、注意してください。

これは、プログラム中における処理を整数で行なうためです。

プログラムでは、充電制限電圧を超えた時点で、充電を止めるようになっていますが、止めた後は、バッテリの電圧が「va2」で設定している電圧以下にならないと充電の再開をしないようにしています。

こうにしないと充電を止めた直後にすぐに制限電圧以下になるため、再び充電を開始してしまい、充電のON-OFFを頻繁に繰り返すことになるからです。

```
//-------------------------------------------------
// CCS-C ソーラー発電　バッテリ充電制御プログラム
//  programmed by mintaro kanda
//  2022-2-27(Sun)  for CCS-Cコンパイラ
// PIC16F1827 Clock 8MHz　カソードコモン7Seg
//-------------------------------------------------
#include <16F1827.h>
#device ADC=10 //アナログ電圧を分解能10bitで読み出す
#fuses INTRC_IO,NOMCLR
#use delay (clock=8000000)
#use fast_io(A)
#use fast_io(B)
int keta[]={0,0,0};
int count=0;

#int_timer0//タイマー0
void timer_start()
{
    count++;
}
void insert(long cnt)
 {// 表示用桁配列(keta[ ])に値を入れる
    int i;
    long amari,waru=100;
    amari=cnt;
    for(i=0;i<2;i++){
      keta[2-i]=amari/waru;
      amari%=waru;
      waru/=10;
    }
```

```
        keta[0]=amari;
    }
    void disp(long cnt)
    {//7セグメント表示ルーチン
        int i,scan,data;
        int seg[11]={0x3f,0x06,0x5b,0x4f,0x66,0x6d,0x7d,0x07,0x7f,0x6f,0};
        scan = 0x1;
        insert(cnt);//表示用桁配列に値を入れる
        for(i=0;i<3;i++){
            if(i==1 && keta[1]==0 && keta[2]==0){
                continue;//ゼロサプレス
            }
            if(i==2 && keta[2]==0){
                continue;//ゼロサプレス
            }
            //7seg
            if(i==1)   data=seg[keta[i]]+0x80;//小数点を入れる
            else       data=seg[keta[i]];
            output_b(data);
            output_a(scan);
            delay_ms(1);
            scan<<=1;
        }
        output_a(0x0);
        delay_us(500);
    }
    void main()
    {
     int i,sw=1,down;
     long va0,va1;//va0:バッテリ端子電圧 va1:充電制限電圧
     long va2=120;//va2:充電開始電圧 (1/10で読むので、この設定は12.0Vで充電再開)
     set_tris_a(0x38); //a3,a4,a5ピンを入力に設定
     set_tris_b(0x0); //b0-b7ピンすべてを出力に設定
     setup_oscillator(OSC_8MHZ);//内蔵のオシレータの周波数を8MHzに設定

     //アナログ入力設定
     setup_adc_ports(sAN3 | sAN4);//AN3,AN4アナログ入力に指定
     setup_adc(ADC_CLOCK_DIV_32);//ADCのクロックを1/32分周に設定

     //タイマー0初期化
     setup_timer_0(T0_INTERNAL | T0_DIV_256);
     set_timer0(0); //initial set
     enable_interrupts(INT_TIMER0);
     enable_interrupts(GLOBAL);

     down=0;
     //電源投入時に1度、VRの値を読んで制限電圧を設定する
     set_adc_channel(3);//制限電圧設定VRの値を読む
     delay_us(30);
     va1=read_adc()/6;
```

```
    while(1){
        if(input(PIN_A5)){//制限電圧設定SWがOFFならば
            output_low(PIN_A6);
            set_adc_channel(4);//バッテリ端子電圧値を読む
            delay_us(30);
            va0=read_adc()/6;
            disp(va0);
        }
        else{
            while(count>8){
                sw++;
                sw%=2;
                count=0;
            }
            set_adc_channel(3);//制限電圧設定VRの値を読む
            delay_us(30);
            va1=read_adc()/6;
            disp(va1);

            if(sw) output_high(PIN_A6);
            else    output_low(PIN_A6);
        }

        if(va0<va1 && down==0){
            output_high(PIN_A7);//バッテリ端子電圧が制限電圧未満ならば充電
        }
        else{
            output_low(PIN_A7);//バッテリ端子電圧が制限電圧を超えたら充電停止
            down=1;
        }
        if(va0<=va2){//バッテリ端子電圧が充電開始電圧を下回ったら
            down=0;
        }
    }
}
```

■ 使い方

完成した回路に、まず、①バッテリ、②ソーラーパネル(12V)の順で正しく接続してください。

そうすると、「PIC」のA5端子に接続した「スライド(トグル)スイッチ」の位置によって、「バッテリ充電制限電圧表示」と「バッテリ端子電圧表示」のいずれかの表示になります。
「バッテリ充電制限電圧表示」の場合は、A6端子に接続した緑色のLEDが点滅しますので、VRのツマミを回して、制限電圧値を設定してください。

バッテリ充電制限電圧値は、接続するバッテリの種類によって適切に設定します。
「鉛バッテリ」の場合、私は「13.5V〜14.0V」に設定しています。

　この設定をあまり低く設定しすぎると、すぐに充電が止まってしまう場合があります
ので、あまり低すぎる設定をしないように注意してください。

　設定電圧が低すぎてすぐに充電が止まった場合でも、再開設定電圧までバッテリ電圧
が下がらないと充電を再開しませんので注意してください。
　設定した制限電圧を超えた場合は、ソーラーパネルからバッテリへの充電は行われな
くなります。

　再びバッテリへの充電を開始する電圧に関してはプログラム中の「va2」という変数で
定義しているので、充電再開電圧を変更したい場合は、その定義値を書き換えてコンパ
イルしてください。

　充電時の電流値は、ソーラーパネルのW数やバッテリの種類や充電状態で大きく異
なります。

　「バッテリ端子電圧表示」の場合は、緑LEDは消灯した状態です。

制限電圧のセットとバッテリ電圧表示の切り替え

　また、回路図の下方にある赤色のLEDは、バッテリに充電が行われている際に点灯
します。充電が行なわれていない場合は消灯します。
＊
　今回は、「充電制限電圧の設定機能」だけを付加しましたが、「充電開始電圧」の設定も、
同様の操作で行なえるとさらに便利になります。PICポートの関係と7SegLEDを増や
すなどの必要があるため、今回はやりませんでした。

　「28PINタイプのPIC」（PIC18F23K22、200円）などを使えばすぐに実現可能なので、
もし、「充電開始電圧設定機能」も必要と思われた方は、改良してみてください。

3-4 「StepUp DC/DCコンバータ」で使いかけの電池を使い切る

寒い日に、ファンヒータに灯油を入れようとスイッチを入れても、動きません。
「電池切れだ」と思い、新しい電池に入れ替え、給油は無事に完了しました。

古い電池は、どれぐらいの電圧になっているのかと電池チェッカーにかけてみると、1.3V
ほどでした。

公称1.5Vの電池で、1.3Vとまで落ちると使えない器具もあるのは当然だと思いまし
たが、まだ、少しは残っているのにもったいないと思ったので、今回は、この捨てられ
る電池からさらに電気を絞り出す回路を作って「パワーLED」(10Vで点灯)を行なって
みます。

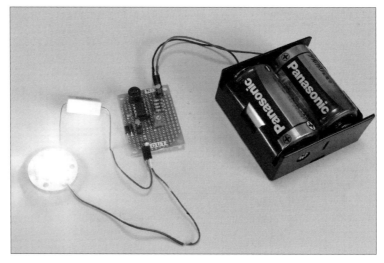

完成した基板でパワーLED点灯実験

■「電池がなくなる」とはどういう状態か

　一般的に、「電池切れ」というのは、使っている器具が正常に作動しなくなったときに
使う言葉です。

　しかし、電池がまったくなくなったわけではなく、正確に言えば、まだ少し残ってい
ます。
　これを、残り少なくなったマヨネーズを絞り出すように使おう、ということです。

　昔ならば、「そこまでしなくても…」と言われましたが、昨今は、「SDGs」(Sustainable
Development Goals)が叫ばれてる世の中です。

　まだまだ使えるものを捨てないということも、「SDGs」の精神に沿ったものだと思い
ます。
　「もったいない!」精神で、最後まで使い切ることは良いことです。

＊

電池の残量がなくなってくると、電圧が下がってきます。

電圧が下がることで、電流を流しづらくなるため、機器が動作しなくなるのです。

とりわけ、石油ポンプやガスコンロの点火のための放電点火装置などは電流を多く必要とするため、電圧降下も大きくなり、結果1.3Vぐらいまで電圧が下がると、動作しなくなります。

もちろん、電流消費の少ない器具などでは、1.3Vぐらいでもまだまだ動作するものも少なくありません。

■ 市販のLED高出力懐中電灯

ジェントスLED懐中電灯(単Ⅱ-1本使用)

実際に、市販のLED懐中電灯でも、単三や単二電池1本で、かなり明るい懐中電灯が販売されています。

分解したわけではありませんが、一般的に高出力のLEDを1.5Vの電池1本でで点灯させることはできないので、「DC/DCコンバータ」が内蔵されていると推測できます。電池1本で使えるLED懐中電灯は、とても便利です。

■ StepUp DC/DC コンバータを使う

電圧が下がりかけてきた電池にも、電気エネルギーはまだ残っています。

しかし、電圧が低いままでは、装置を動作させることができません。
そこで、「電池の電圧を上げる（昇圧）回路」を使って電圧を上げ、電流を取り出すことにします。
そのために使うのが、「DC/DCコンバータ」です。

今回は安価ながら、1.5Aの電流が流せるDCコンバータ「NJM2360」（70円）を使った回路で実験してみます。

このICは、たとえばなくなりかけの電池2本（1.3V×2=2.6V）でも、最大30Vぐらいの電圧まで昇圧することができます。

もちろん、入力電圧と出力電圧の差が大きくなると、さすがに大電流を長時間流すことはできませんが、今回実験するような、「2.6V→10V」ぐらいで、「3W」クラスのパワーLEDなどを点灯させることは、簡単にできます。

■ 回路図

さっそく、回路図を示します。
今回は、マイコンを使わないので、電子回路だけで動作します。

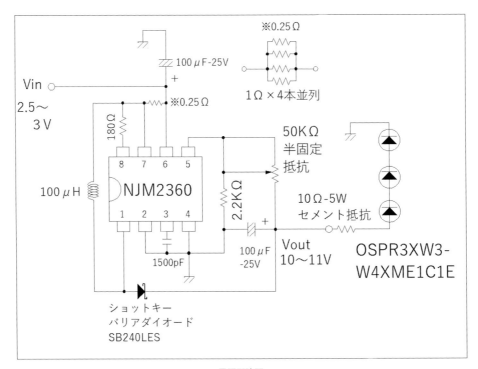

昇圧回路図

昇圧回路基板

昇圧用のICには、「NJM2360」を使います。

昔からよく使われる「MC34063」(40円)とピン配置は一緒なので、「MC34063」でも動作すると思いますが、「MC34063」は入力電圧が「3.0V〜」なので、今回は、「2.5V〜」の「NJM2360」を使うことにします。

その他、使う部品に「0.25Ω」の抵抗がありますが、この値の抵抗を探すのは大変なので、「1Ω」(1/4W)の抵抗を並列にして使います。

また、「100μH」のコイルには、写真のように同じ値でもさまざまものがあります。

同一値のさまざまなコイル

大きな違いは、「流せる電流容量」です。
今回使ったタイプ(写真最右)のものは、「0.79A」です。

一般的に大きさが大きいほど流せる電流も多くなりますが、抵抗のような形をしたコイル(P-11511)で、小さいながら「1.1A」というものもあります。

　したがって、選択のポイントとしては、その回路でコイルに流れる電流の最大値以上のものを使うということになります。

＊

　「SB240LES」というダイオードは、「ショットキーバリアダイオード」です。

　一般的なダイオードとの大きな違いは、「Vf値」(Instantaneous forward voltage)が低いもの(1V未満、今回のものは0.41v)となっている点です。

　よく使われる整流用の「1N4007」(1000V-1A)では、「Vf=1.1V」なので、その半分以下ということになります。
　この値が低い方がダイオード本体での損失が低いため、負荷にかかる電圧は高くなります。

　実際に、今回の回路で「OSPR3XW3-W4XME1C1E」をつないだ状態でLED端子の電圧を測定してみました。
　すると、「SB240LES」では9.8Vで、「IN4007」では、9.0Vと「0.8V」の違いがあり、ショットキーバリアダイオードを使った方が、より高い電圧を加えられることが分かります。

　また、「SB240LES」の最大定格は「40V-2A」となっているので、この範囲を超えない領域で使用する必要があります。

「電池昇圧回路」の主な部品表

部品名	型番	秋月通販コード	必要数	単価	金額	購入店
ステップアップDCコンバータ	NJM2360AD	I-12365	1	70	70	秋月電子
ICソケット(8PIN)	300mil	P-00035	1	70	70	〃
ショットキーバリアダイオード	SB240LES	I-07787	1	25	25	〃
インダクタ(コイル)	100μH	P-04807	1	30	30	〃
積層セラミックコンデンサ	1500pF	P-08133	1	10	10	〃
電解コンデンサ　25V	100μF	P-03122	2	10	20	〃
1/4W　抵抗	1Ω	R-25010	4	1	4	〃
1/6W　抵抗	180Ω	R-16181	1	1	1	〃
1/6W　抵抗	2.2kΩ	R-16222	1	1	1	〃
5Wセメント抵抗	10Ω	R-03991	1	30	30	〃
半固定抵抗	50kΩ	P-14908	1	30	30	〃
白色LEDユニット	OSPR3XW3-W4XME1C1E	I-04160	1	300	300	〃
両面スルーホール基板	47mm×36mm	P-12171	1	40	40	〃

※電池・電池フォルダーは、使用するサイズのものをそろえてください。

合計金額	631 円

■ 実際に使ってみる

　回路が完成したら、まず、入力電圧に、2.5V程度の電圧をかけて、出力部分の電圧をテスターの電圧レンジでチェックします。

　最大では30V以上の電圧にすることができますが、今回は10.6V程度に調整します。50kΩの半固定抵抗をドライバーで回して調整します。

　調整が終わったら、実際に、出力にLED「OSPR3XW3-W4XME1C1E」をつないで、入力にはなくなりかけの単一電池2本をつなぎます。

　「NJM2360」は2.5Vから動作するということになっているので、1本の電圧が1.3V程度の電池を2本直列で2.6Vぐらいにしてつなげば、充分点灯するはずです。

使用する電池の電圧を測定

　実際の点灯時に流れる電流は0.7Aほどでした。

　もちろん、LEDは直視できないほどの明るさで点灯するので、昇圧をかけているとはいえ、いずれは電池の電圧も全体で2Vを下回り点灯しなくなります。
　それでも、それまでの間は本来ならば使われずに捨ててしまわれるエネルギーを絞り出すことができます。

　実験では、回路にかける電圧が1.8V台まで下がると、LEDが点滅し、このあたりが絞り出し限界となることがわかります。（電池1本では、0.9V台）

実際に点灯したところ

第4章

実際に電子回路を作るには

電子工作をこれから始める人には、「本に載っている電子回路を実際に組み立てるにはどうすればいいか」という素朴な疑問があると思います。

そこで、この章では、その基本的ないくつかの方法とその違いを解説します。

■ 回路図を実際に組み立てる方法は大きく3つ

回路図を実際に組み立てる方法は、大きく分けて次の3つの方法があります。

①「ブレッドボード」を使う
②汎用の「ユニバーサル基板」を使う
③専用の「プリント基板」を作って使う

では、次のような「2つのLEDを、それぞれスイッチを押したときに点灯する」ような簡単な回路を、①と②の方法で、実際に組んで見てみましょう。

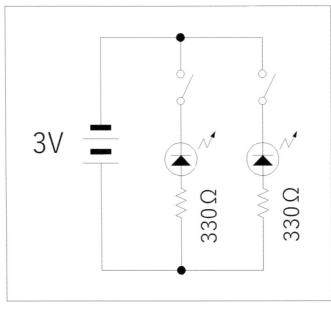

簡単な電子回路

この回路を、実際に①「ブレッドボード」で組んだものが、以下のようなものです。

今回使ったサイズ(45mm×34.5mm)は、130円(秋月電子)ほどで売られています。

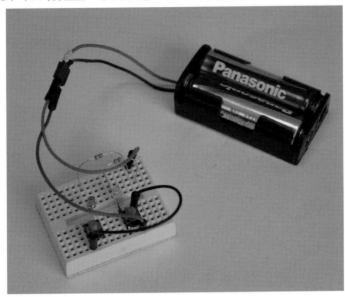

「ブレッドボード」で組んだ実際の回路

「ブレッドボード」では、パーツをボード上に差し込んで、専用のワイヤー(線)使って必要な部品同士をつないで回路を構成していきます。

＊

次に、汎用の「両面ユニバーサル基板」に組んだものを示します。

今回使った「ユニバーサル基板」(32mm×32mm)程度のものは、たいてい30円～50円で、「ブレッドボード」よりも安価で売られています。

「ユニバーサル基板」で組んだ実際の回路

　「ユニバーサル基板」を使った場合は、必要なパーツを基板上に「ハンダ付け」して必要な部品同士をつないでいきます。

　「ハンダ付け」とは、写真のような「ハンダごて」と「糸ハンダ」と呼ばれる熱で溶ける金属線を使って、いわゆる「溶接」（ハンダが媒介して線同士を電気的につなぐ、部品の線は溶けない）をします。

「ハンダごて」と「糸ハンダ」

　一般的には、写真のように基板の裏側で結線することが多いですが、「両面ユニバーサル基板」を使えば、裏表どちら側でも、ハンダ付けすることができます。

主に基板の裏側でハンダ付けして、回路を構成

　実際に、この2つの回路構成例を見ると、初心者には、①の「ブレッドボード」を使った方法が簡単でいいように思えます。

　しかし、②の「ユニバーサル基板」を使ってハンダ付けを行なったほうが、すっきりと仕上がった印象があります。

　最近では、ハンダ付けをしなくても回路構成ができる便利さから、「ブレッドボード」

が使われる例も増えましたが、もう少し部品点数の多い回路になってくると、ブレッドボードでは対応が難しくなります。

また、結線のためのワイヤー数も増えてきて、さながら、雑草が生い茂ったかのような状態になって、回路の検証も難しくなってきます。

そのため、もし、電子工作を今後も発展的に続けて行なおうと思うのではあれば、「ハンダ付け」の技術を身に付けられることをお勧めします。

＊

ハンダごて自体は、高額なものではなく、2000円～5000円（温度調整付き）で購入することができます。

また、「糸ハンダ」は、「100g巻き,0.8mm」のもので、1350円程度で売られています。「ハンダ」の太さは、電子工作の場合は「0.8mm」ぐらいが適当でしょう。

その他に、ハンダ付け作業には、「ハンダごてを置く台」も必要になります。
使い勝手の良い自分に合ったものを選ぶと良いでしょう。

■「回路図」と「実際の回路」の違い

次に、「回路図」と「実際の回路」では、「部品配置が違っても、ほとんど問題がない」ということについて解説します。

もしかすると、上記の「回路図」と「実際の回路」は、「違っているのではないか?」と思う方もいたかもしれません。
つまり、「実際に組まれた回路は次のような回路図になるのではないか。」ということです。

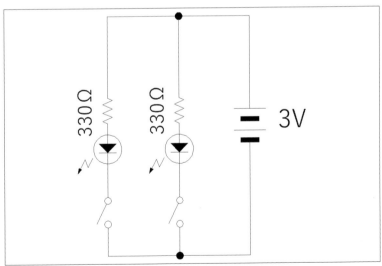

「実際の回路」はこうではないのか?

　たしかに、最初の回路図とは異なりますが、結論から言えば、最初の回路図とこの回路図は、電気的にはまったく等価なのです。

　このことは、回路図の部品位置が「必ずしも実際に組んだときの配置とはイコールにならなくてもいい」ということなのです。

　当然、電気回路的に異なっていてはダメですが、配置だけなら問題にはなりません。
　なので、同じ回路図を別の人が、実際の回路基板に構成したときには、その位置関係は異なるものになっていることも珍しくはありません。

　ただ、なるべく余分な配線の取り回しなどが起きないようにしたほうがいいことは間違いないので、回路図を見てから、実際の部品をどのように配置していこうかという検討は事前に行うのが普通です。
　これらは絶対的なものではないので、回を重ねていくうちに慣れていくと思います。
　次に、③の「プリント基板を作成して作る場合」の例を紹介します。

プリント基板との比較

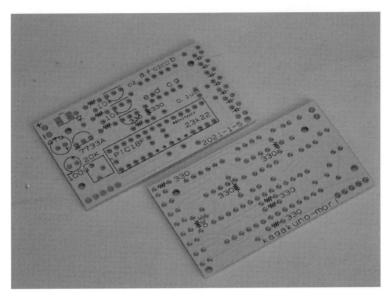

電池チェッカープリント基板（右：上が表、下が裏）

　この例は、以前の記事で紹介した、「バッテリーチェッカー」の回路基板です。

　左側がユニバーサル基板を基板を使った例（上が表、下が裏）、右側が専用のプリント基板（上が表、下が裏）を使った例です。

　これを見ると一目瞭然、専用のプリント基板で作ったものがすっきりと仕上がっています。

　このレベルになると、①「ブレッドボード」で作るのは極めて困難になってきます。
　②「ユニバーサル基板」を使っても配線が複雑で、製作には困難を極めます。
　実際に私が、ユニバーサル基板を使って組んだ左の回路では、完成（ハンダ付け、回路チェック）までに、20時間ほどを要しました。

　右側の専用基板では、部品のハンダ付けだけ（回路チェックは、基板の設計段階で終わっている）なので、かかった時間は50分ほどです。

　専用プリント基板の作成には、「パターン設計のためのソフト」や、「出来上がったデータをメーカーに作ってもらうための費用」などもかかりますが、最近は制作費用も格段に下がってきているので、一般のユーザーでも利用することができます。

　今回、紹介した「電池チェッカーの基板」は1枚70円（100枚注文＋送料）程度です。
　ですから、ある程度まとまった数を作らなくてはいけないときは、専用のプリント基板を製作することも有効な手段です。

　専用のプリント基板の製作については、専門書も出ているので、そちらを参考にしてください。

索引

[著者略歴]

神田　民太郎 (かんだ・みんたろう)

1960 年 5 月生まれ、宮城県出身
　長くプログラミング教育に携わり、現在は小学生対象
のプログラミング講座なども手掛ける。
　電子工作では、あまり世の中に出回っていないものを
作ることに日々挑戦している。
　趣味は、国内旅行、キャンピング、エレクトーン演奏、
料理、コーヒー焙煎、日曜大工。

【主な著書】

「PIC マイコン」で学ぶ電子工作実験
「PIC マイコン」でつくる電子工作
「PIC マイコン」ではじめる電子工作
「PIC マイコン」で学ぶ C 言語
たのしい電子工作——「キッチンタイマー」「音声時計」「デジタル電圧計」… 作例全 11 種類！
やさしい電子工作
「電磁石」のつくり方 [徹底研究]
自分で作るリニアモータカー
ソーラー発電　LED ではじめる電子工作
　　　　　　　　　　　　　　　　　　　　　　　　　　　　　　　　（以上、工学社）

質問に関して

本書の内容に関するご質問は、

① 返信用の切手を同封した手紙
② 往復はがき
③ FAX(03)5269-6031
　(ご自宅の FAX 番号を明記してください)
④ E-mail　editors@kohgakusha.co.jp

のいずれかで、工学社編集部あてにお願いします。
なお、電話によるお問い合わせはご遠慮ください。

サポートページは下記にあります。

[工学社サイト]
http://www.kohgakusha.co.jp/

I/O BOOKS

電子工作の基本を楽しむ本

2022 年 5 月 25 日　初版発行　© 2022

※定価はカバーに表示してあります。

[印刷] シナノ印刷 (株)

著　者　　神田　民太郎
発行人　　星　正明
発行所　　株式会社 工学社
〒 160-0004 東京都新宿区四谷 4-28-20　2F
電話　　　（03）5269-2041（代）[営業]
　　　　　（03）5269-6041（代）[編集]
振替口座　00150-6-22510

ISBN978-4-7775-2198-2